A ENCHENTE DE 24
A história da maior tragédia climática de Porto Alegre

A história da maior tragédia climática de Porto Alegre

A ENCHENTE DE 24

André Malinoski
Marcelo Gonzatto
Rodrigo Lopes

2ª edição / Porto Alegre-RS / 2024

Capa: Marco Cena
Produção editorial: Maitê Cena e Bruna Dali
Revisão: Cacá Joanello
Produção gráfica: André Luis Alt

Dados Internacionais de Catalogação na Publicação (CIP)

M251e   Malinoski, André
        A enchente de 24. / André Malinoski, Marcelo Gonzatto e Rodrigo Lopes. – Porto Alegre: 2.ed. BesouroBox, 2024.
        176 p. ; 16 x 23 cm

     ISBN: 978-85-5527-151-9

        1. História – Rio Grande do Sul. 2. Rio Grande do Sul – enchente. 3. Jornalismo – Memória; I. Título. III. Gonzatto, Marcelo. IV. Lopes, Rodrigo.

                                                    CDU 94(816.5)

Bibliotecária responsável Kátia Rosi Possobon CRB10/1782

Copyright © André Malinoski, Marcelo Gonzatto e Rodrigo Lopes, 2024.

Todos os direitos desta edição reservados a
Edições BesouroBox Ltda.
Rua Brito Peixoto, 224 - CEP: 91030-400
Passo D'Areia - Porto Alegre - RS
Fone: (51) 3337.5620
www.besourobox.com.br

Impresso no Brasil
Novembro de 2024.

A renda obtida pelos autores com a venda do livro será doada a ações de apoio às vítimas da enchente por meio do canal oficial do governo do RS.

Dedicado a todas as pessoas que perderam algo, alguém ou a própria vida durante as enchentes de 2023 e 2024 no Rio Grande do Sul e aos voluntários que se dedicaram a amenizar o sofrimento alheio durante esse período tormentoso.

"O homem moderno estraga, uma a uma, as peças da engrenagem – e ainda joga areia no mecanismo, preparando o colapso."
José Lutzenberger (1926-2002)

SUMÁRIO

Prefácio - André Trigueiro 9

A CIDADE SUBJUGADA 11
Cais Mauá, 3 de maio... 13
O dia a dia da tragédia 15
A cheia engole a Capital 20
Incursão à alma ferida do Centro Histórico 29
A cidade sob o véu da escuridão... 35
O 4º Distrito debaixo d'água... 38
Aeroporto submerso, Capital sitiada 44
Depois da pandemia, o aguaceiro: o impacto nos negócios........... 51

COMO A ÁGUA TOMOU A CAPITAL................... 57
A rota de horror da inundação até a metrópole 59
Anatomia do fracasso: por que o sistema anticheias falhou.......... 67
Anatomia do fracasso: por que o poder público falhou 75
Fotos 81
Quando os diques rompem 107
Nos bastidores do poder 115
A cheia em números 121

A LUTA PELA SOBREVIVÊNCIA **123**

Morte e angústia na Zona Norte 125
Gasômetro vira porto de refugiados 129
Medo da violência: tensão marca viagem à estátua do Laçador 137
A cheia nas ilhas: fome, ratos e a dentadura do seu Antônio 142
Protetora salva mais de 700 animais 147
Búfalos, capivaras, jacaré e um cavalo famoso 150
1941 outra vez - Alfredo sobreviveu a duas calamidades 157

Mapa das áreas inundadas na região da Capital 166

Posfácio - Jaqueline Sordi 167

Agradecimentos 173

Os autores 175

PREFÁCIO

Por André Trigueiro
Jornalista

Espera-se do bom jornalismo que reporte os fatos com a devida isenção, apuração correta e a necessária checagem das informações.

Em situações de emergência, eleva-se a expectativa de que o jornalismo profissional possa ajudar a sociedade a entender o que está acontecendo, a razão pela qual experimenta-se uma crise e quais as soluções para reduzir perdas e danos, prevenindo, quando possível, novas ocorrências dessa natureza.

Faltam palavras para descrever com exatidão o alcance dos impactos causados pelo mais terrível cataclismo climático da história do Rio Grande do Sul. Ao participar da cobertura, testemunhei de perto a destruição monumental de vidas, patrimônios e infraestruturas. Tão impressionante quanto a extensão dos estragos, foi constatar a obstinação corajosa com que vários colegas jornalistas do Rio Grande do Sul — conhecedores profundos das realidades locais — superaram as próprias perdas e dificuldades logísticas pessoais (moradia submersa ou destruída, falta de água, comida, transporte etc.) para realizar seus trabalhos de forma exemplar numa zona de desastre.

Passada a fase mais aguda dessa imensa tragédia — impossível prever quando as coisas voltarão "ao normal" de fato em todo o estado — há quem se debruce dentro do jornalismo num trabalho mais investigativo, sem a correria do factual, para reportar os fatos dentro de uma perspectiva histórica, mais ampla, de caráter documental.

A presente obra, assinada pelos colegas André Malinoski, Marcelo Gonzatto e Rodrigo Lopes vai nessa direção. A leitura flui, como deve ser um bom texto jornalístico, compartilhando as histórias narradas por diversas testemunhas dessa tragédia, dados científicos que confirmam os cenários previsíveis de vulnerabilidade das regiões atingidas pelo dilúvio, ações e omissões das autoridades competentes, entre outras informações úteis para os leitores interessados.

Todos os que assinam este trabalho são jornalistas experientes, forjados na linha do tempo por outras coberturas históricas e, curiosamente, todos autores de livros em que foram bem-sucedidos no exercício de transpor a linha tênue que separa o jornalismo da literatura.

É bem-vinda a obra nesses tempos em que experimentamos a escalada da crise climática no Brasil e no mundo, sem que tenhamos conseguido, até o momento, inflexionar a curva de emissões que turbinam o aquecimento global. Também são motivos de preocupação o negacionismo, o analfabetismo ambiental de extensos segmentos da classe política e a ganância desvairada de certos empresários.

Que a nossa geração não seja aquela que se omitiu diante do abismo que se avizinha. É preciso corrigir o rumo. Que o imenso sofrimento dos gaúchos possa inspirar novos e urgentes movimentos na direção da sensatez, dos direitos coletivos e de um futuro melhor e mais justo para todos.

1 A CIDADE SUBJUGADA

CAIS MAUÁ, 3 DE MAIO

A água barrenta jorra de forma vigorosa pelas frestas da comporta localizada no acesso principal ao Cais Mauá, como se a linha de defesa contra inundações de Porto Alegre mal existisse. Evacuada às pressas, a borda do Centro Histórico está sob um silêncio incomum, lúgubre, perturbado apenas pelo gorgolejo do Guaíba ao se despejar sobre o asfalto e se espraiar lentamente para o interior da metrópole. Logo adiante, na Praça da Alfândega deserta de gente, o típico rumor urbano de vozes, motores e buzinas dá lugar ao farfalhar das copas das árvores e ao canto intermitente de alguns poucos pássaros.

O relógio marca 14h40min de sexta-feira, 3 de maio de 2024, e a pior enchente da história da Capital está em curso. É o início de uma série de episódios que vai arrastar a maior cidade do estado à beira do colapso, deixar mortos e desabrigados, comprometer serviços públicos, infundir medo e exigir bravura. Mas, em sua nascente, a tragédia é um filete lodoso que aos poucos se encorpa e passa a cobrir, centímetro por centímetro, as ruas e calçadas próximas.

Uma escada azul se destaca apoiada contra o concreto cinza-escuro do Muro da Mauá. Seis integrantes da Guarda Portuária e da equipe de operações do porto se revezam para escalar os degraus, espichar o pescoço e aferir o nível da torrente no lado oposto, já que todas as comportas que integram o sistema de contenção de cheias foram fechadas devido à elevação do Guaíba. Cada um que sobe os degraus retorna com o semblante grave.

Os sacos de areia empilhados de forma emergencial diante dos portões de aço pintados de tinta naval preta já não oferecem resistência. O mesmo esguicho marrom-escuro trespassa por diferentes pontos, em especial por uma abertura à esquerda da comporta principal. A impressão é de que o lago de 496 quilômetros quadrados — o equivalente a uma outra Porto Alegre — está prestes a derrubar não apenas o portão metálico, mas o muro inteiro. E se tombar? Quem está por perto conseguirá buscar um local seguro? Haverá tempo de chegar à parte alta do bairro?

As poucas testemunhas do prelúdio da catástrofe, após recomendações de evacuação emitidas pela prefeitura, estão ali por sua conta e risco. Na face do paredão voltada para o cais, a água já bate na altura do peito. Não se veem mais as costumeiras filas de carros ou a multidão de gente atarefada que, até algumas horas antes, circulava pelas vias centrais.

Ao se olhar para o norte em direção à Estação Rodoviária, pela Avenida Mauá, ou para o sul, onde desponta a Usina do Gasômetro, o Centro Histórico é um bairro-fantasma encoberto por nuvens cor de chumbo que, a intervalos irregulares, despejam uma garoa fina sobre ruas estranhamente vazias.

Em pouco tempo, um carro estacionado em frente ao Sistema Nacional de Emprego (Sine), na esquina entre as avenidas Sepúlveda e Mauá, fica parcialmente submerso. Os prédios culturais do Farol Santander, do Museu de Arte do Rio Grande do Sul (Margs) e da antiga sede dos Correios e Telégrafos acabam ilhados. A água se esparrama pelo coração da cidade, que já não tem como escapar do desastre.

Nos dias seguintes, milhares de porto-alegrenses seriam golpeados de diferentes formas pela calamidade. O reciclador Antônio deixaria de ter onde morar, o empresário José veria o lodo invadir seus três estabelecimentos comerciais, a jovem Deisyane, grávida, seria salva sobre uma mesa em meio à correnteza, e o ex-motorista Vilmar perderia a vida em meio à confusão na Zona Norte. A Capital inteira, sitiada, sem luz e com torneiras secas, mutilaria sua própria infraestrutura urbana para respirar através de um corredor humanitário até então impensável.

O DIA A DIA DA TRAGÉDIA

A linha do tempo no mês que entrou para a história da Capital:

1º de maio: o Guaíba está em elevação. Passa de 1m61cm, na véspera, para mais de 2 metros e provoca o fechamento preventivo dos bares e restaurantes da orla. Ao final da noite, supera a cota de alerta (2m50cm) e chega a 2m70cm.

2 de maio: cota de inundação de 3 metros é superada, e o Cais Mauá é coberto. A cheia avança sobre as ilhas, e os terminais Mercado, Rodoviária e São Pedro da Trensurb são fechados. Inter suspende atividades no Centro de Treinamento (CT), e moradores da Hípica deixam suas casas. Na Zona Norte, bueiros começam a vazar.

3 de maio: régua que mede o nível do lago no Cais Mauá é levada pela correnteza durante a madrugada (outra seria posteriormente instalada no Gasômetro). As pontes sobre o Guaíba são bloqueadas, e uma casa de bombas da Avenida Mauá entra em pane. O CT do Grêmio, a Estação Rodoviária e o Mercado Público são inundados. Prefeitura orienta a evacuar o Centro, e a maior parte das entradas e saídas da Capital é bloqueada. Ceasa e Aeroporto Salgado Filho suspendem operações. À noite, o lago supera os 4m76cm de 1941 e configura a pior cheia da história.

4 de maio: medição ultrapassa os 5 metros, e mais de 500 moradores do Humaitá se refugiam na Arena do Grêmio. Bairros das zonas Norte, Sul e Centro têm diversos pontos afetados. No Sarandi, diques extravasam e famílias são removidas às pressas. A Usina do Gasômetro vira ponto de desembarque de moradores resgatados. Pacientes do Hospital Mãe de Deus precisam ser transferidos.

5 de maio: cheia atinge cota recorde de 5m35cm na madrugada, valor que seria posteriormente corrigido para 5m37cm. Pontos dos bairros Menino Deus, Praia de Belas, e os estádios de Inter e Grêmio são inundados. Moradores do Cristal precisam ser resgatados por voluntários, e cerca de 70% da cidade enfrenta falta de abastecimento de água.

6 de maio: desligamento de casa de bombas inunda bairros Menino Deus e Cidade Baixa, e prefeitura orienta evacuação imediata. Teatro Renascença e Companhia de Processamento de Dados do Estado (Procergs) são atingidos. Medição oscila ao redor de 5m30cm.

7 de maio: um jacaré é avistado nadando pelas ruas do Menino Deus, e a Secretaria Municipal de Meio Ambiente, Urbanismo e Sustentabilidade (Smamus) recomenda à população manter distância do animal.

8 de maio: a prefeitura encontra dificuldades para normalizar o fornecimento de água e a operação das casas de bombeamento. O estado soma a centésima morte, e policiais concentram o patrulhamento em locais inundados para coibir saques.

9 de maio: governo federal anuncia pacote de ajuda ao RS. Casa de bombas é religada e alivia a situação na área do bairro Azenha. Escolas recebem desabrigados. No Centro, condomínios contratam vigias noturnos. Guaíba volta a ficar abaixo dos 5 metros.

10 de maio: passarela da Estação Rodoviária é derrubada para permitir a criação de um corredor humanitário pela Avenida Castelo Branco e garantir a circulação de pessoas e mantimentos.

11 de maio: em leve tendência de recuo, o nível retorna à cota de 4m56cm — a mais baixa dos últimos dias.

12 de maio: resgate de pessoas e animais é encerrado no bairro Sarandi, o mais atingido na Capital. As ações passam a se concentrar no patrulhamento das casas vazias.

13 de maio: em um repique provocado por mais chuva, o Guaíba volta a superar 5 metros no meio da tarde. Ministério Público do RS informa que vai apurar "causas e consequências" da cheia.

14 de maio: o corredor de acesso humanitário à Capital está sob ampliação para pista dupla. Nível vai a 5m25cm. Ação do vento aumenta impacto da cheia e força saída de moradores do Lami de suas casas.

15 de maio: Congresso aprova suspensão da dívida do RS com a União por três anos, e CBF suspende duas rodadas do Brasileirão. Após 12 dias, a Estação de Tratamento de Água (ETA) Moinhos de Vento volta a atender 21 bairros. Prefeitura começa limpeza das ruas pelos bairros Menino Deus e Cidade Baixa.

16 de maio: a Universidade Federal do Rio Grande do Sul (UFRGS) divulga previsão de que a cheia deve prosseguir, pelo menos, até o dia 25 de maio (novas chuvas postergariam a data por mais alguns dias).

17 de maio: com a água mais alta do lado de dentro do que na face externa do Muro da Mauá, a comporta número 3, próxima da Rua Padre Tomé, é derrubada com o auxílio de um cabo preso a uma embarcação. Guaíba está em 4m69cm.

18 de maio: moradores de bairros como Menino Deus e Cidade Baixa aproveitam o dia sem chuva para limpar imóveis e descartar objetos danificados na enchente.

19 de maio: o recuo do aguaceiro no Centro permite que comerciantes retornem à Rua da Praia para dar início ao trabalho de limpeza de seus estabelecimentos. Bares, cafés e restaurantes colocam móveis e lixo sobre as calçadas.

20 de maio: multiplica-se a quantidade de entulho jogado nas ruas e calçadas do Centro Histórico e da Cidade Baixa, entre outros locais. Formam-se montanhas de lixo descartado pela população.

21 de maio: apesar da chuva em boa parte do estado, o Guaíba segue em tendência de recuo e volta ao patamar de 4 metros pela primeira vez desde o dia 3 de maio.

22 de maio: nível passa a baixar em bairros como o Humaitá, na Zona Norte, mas grande parte dos moradores ainda não consegue acessar suas casas, que seguem ilhadas.

23 de maio: o retorno da chuva forte sobrecarrega o sistema de drenagem da Capital, debilitado pela inatividade de parte das casas de bombas e pela presença de lama na canalização, além do Guaíba seguir elevado. Várias regiões alagam, incluindo pontos da Zona Sul que até então haviam sido poupados. Limpeza interna do Mercado Público, que começaria nesta data, é suspensa.

24 de maio: a prefeitura volta a fechar o espaço deixado pela remoção da comporta 3, no Centro, utilizando sacos de areia para tentar conter um eventual repique provocado pelas chuvas.

25 de maio: a chuva dos dois dias anteriores interrompe trabalhos de limpeza das ruas em diversos pontos do município. Com a elevação do Guaíba, há um aumento de 20 a 40 centímetros em bairros como Humaitá, Vila Farrapos, Sarandi, Anchieta, além de locais do 4º Distrito.

26 de maio: nível do lago segue acima dos 4m após repique provocado pelo retorno do mau tempo e de ventos que represam o escoamento. Número de mortos em todo o estado chega a 169, e Lagoa dos Patos registra rápida elevação no Sul.

27 de maio: em uma cena peculiar, garças são flagradas pescando na área da Avenida Praia de Belas e perto da Borges de Medeiros, na zona central.

28 de maio: o trânsito é liberado no sentido Capital-interior em um corredor emergencial implantado entre a Assis Brasil e a freeway, na Zona Norte. Governo do RS altera cota oficial de cheia de 3 metros para 3m60cm na Usina do Gasômetro, onde nova régua foi instalada. Água baixa e expõe grandes montes de areia nas ilhas, que tomam ruas inteiras. Limpeza interna do Mercado Público é retomada.

29 de maio: início da tragédia completa um mês no Rio Grande do Sul. Ceasa revela que precisará remover mil toneladas de carnes e queijos estragados de seu complexo alagado. Inter volta a atuar diante do Belgrano, em São Paulo.

30 de maio: Trensurb retoma operação dos trens entre Novo Hamburgo e Canoas. Passageiros precisam completar a viagem de ônibus para chegar a Porto Alegre, e vice-versa.

31 de maio: após 29 dias intermináveis, o Guaíba volta a ficar abaixo da cota de inundação na área do pórtico central do Cais Mauá.

A CHEIA ENGOLE
A CAPITAL

Sobreposta ao mapa de Porto Alegre, uma extensa mancha púrpura se estende desde o extremo-sul, no limite com Viamão, e percorre a orla rumo ao norte. Estreita-se ao atravessar os bairros Ipanema e Vila Assunção, volta a ganhar corpo ao cruzar por Menino Deus e Cidade Baixa, segue o contorno do Centro Histórico e se expande até abocanhar grande parte da Zona Norte.

Muitos porto-alegrenses olham incrédulos para a imagem divulgada por especialistas do Instituto de Pesquisas Hidráulicas (IPH) da Universidade Federal do Rio Grande do Sul (UFRGS) na manhã do dia 3 de maio. O mapa representa uma simulação do possível impacto da cheia, até então incipiente, caso viesse a superar uma cota de 5 metros — dois além do patamar de inundação calculado para a região do Cais Mauá.

As enormes áreas pintadas de roxo sobre um terço dos 495 quilômetros quadrados do município delimitam o provável avanço da água se o sistema de contenção erguido entre as décadas de 1960 e 1970 for desarticulado pela força da aluvião que irrompia pelo Delta do Jacuí havia 48 horas. Em razão do risco elevado, os hidrólogos emitem um alerta enfático destinado a autoridades e à população em geral:

"(...) Considerando que as previsões avançaram conforme o pior cenário descrito ontem, por segurança, sugere-se que medidas de preparação para evacuação das regiões potencialmente afetadas de Porto Alegre sejam

tomadas imediatamente, não dando margem para situações de falhas nos sistemas de proteção (...)."

Há quem avalie a projeção como irreal por desconsiderar quilômetros de diques, o Muro da Mauá e as 23 casas de bombeamento de águas pluviais que, embora projetadas para drenar chuva, poderiam amenizar uma eventual enchente. Era para enfrentar esse perigo, justamente, que todo o aparato havia sido implantado.

À medida que o Guaíba, os rios Jacuí, Gravataí e arroios internos transbordam e furam o cinturão de salvaguarda da cidade, a cheia vai se ajustando ao desenho no mapa e, ao engolir quadra após quadra, ao cabo de alguns dias acabaria por confirmar com melancólica precisão as predições dos especialistas. Um acúmulo de falhas de projeto e de manutenção deixa a população, na prática, desprotegida, e dá início a uma sucessão frenética de aflições nas horas seguintes.

Na manhã da sexta-feira em que o alerta do IPH sobressalta os porto-alegrenses, nem mesmo há certeza sobre o nível do lago porque a régua de medição instalada no Cais Mauá foi deslocada pela correnteza durante a madrugada. O testemunho de moradores de regiões como Centro Histórico, Arquipélago e Zona Norte é uma das formas de asseverar o rápido agravamento do cenário.

Na Praça da Alfândega, a mais antiga do município, uma lâmina rasa já ocupa metade do logradouro. Nas proximidades do monumento ao General Osório, curiosos registram a cena histórica com o telefone celular. A poucos metros, um pequeno peixe salta e se debate em uma porção seca do solo. Uma mulher se agacha, o recolhe com as mãos e o lança com cuidado de volta ao lago engrandecido, em uma das muitas cenas singulares que seriam vistas ao longo daquelas semanas.

O governador Eduardo Leite, entre os deslocamentos de carro entre o Palácio Piratini e o Comando Militar do Sul (CMS), onde realiza reuniões com o prefeito Sebastião Melo e o responsável pelo CMS, general Hertz Pires do Nascimento, também faz uma parada na Alfândega para avaliar o cenário geral e o risco a edificações históricas como o Margs e seu valioso acervo.

— Vejo uma série de pessoas lá, curiosas, pessoas sem saber até onde aquela água poderia chegar — relembra o governador.

Leite parte para um último encontro do gabinete de crise na sede do CMS, na Rua dos Andradas, que em breve também fica ilhada e exige a transferência das reuniões do comando conjunto para o 3º Regimento de Cavalaria de Guarda, no Partenon.

Na Zona Norte, o Gravataí e os arroios que cortam a região vazam copiosamente. O dique do Arroio Sarandi primeiro extravasa e, sob pressão crescente, começa a enfrentar o risco de rompimentos parciais. O padeiro desempregado Marcos Everaldo Moreira dos Santos, 53 anos, mora em uma casa cujo terreno, nos fundos, é limitado pela barreira de terra destinada a segurar o riacho em seu leito.

— Uma mulher da Defesa Civil passou dizendo que a água iria subir muito, e a gente deveria sair. Eu pensei: ela só pode estar maluca — recorda Santos.

Ainda no dia 3, o padeiro percebe que tem pouco tempo para escapar. Agarra um cobertor para ele e a mulher, outro para uma neta, e foge em direção ao apartamento de um amigo no Parque dos Maias. Horas depois, o córrego jorra sobre o topo do dique e cai em seu terreno como uma cachoeira barrenta. Cerca de cem metros adiante de onde fica a casa de tijolos que ele mesmo ergueu, o arroio abriria um rombo de 10 metros de extensão no dique. Meia dúzia de casebres, já abandonados, seriam colocados abaixo.

A pouco mais de 6 quilômetros dali, o aguaceiro tanto golpeia a comporta de número 14, nas proximidades da Avenida Sertório, que entorta a barreira de metal como se fosse papel-alumínio.

— O rompimento dessa comporta foi o que fez entrar o maior volume no pôlder do Aeroporto Salgado Filho — atesta o hidrólogo do IPH Fernando Dornelles, utilizando o termo que descreve uma área sensível guarnecida por uma estrutura protetiva.

Enquanto boa parte das atenções se concentra na subida do Guaíba sobre o Centro Histórico, o arrabalde também submerge. Nas ilhas, tradicionalmente mais suscetíveis em razão do nível baixo do terreno, moradores já lutam por um lugar nos barcos para escapar rumo a lugares mais elevados. Cães e gatos circulam assustados sobre os telhados, enquanto a correnteza danifica a estação que trata a água consumida pela população de 9 mil moradores do Arquipélago a ponto de quase destruí-la.

Marcos arquitetônicos e sentimentais, o Mercado Público, a Estação Rodoviária e os estádios de Inter e Grêmio afundam. Rotas fundamentais para chegar ou partir, as avenidas Mauá, Castelo Branco, Júlio de Castilhos e a Rua da Conceição são bloqueadas, deixando a Capital praticamente sitiada. Em pouco tempo, as únicas opções de escape seriam pela RS-040, em Viamão, ou pela RS-118 — a carga extraordinária de trânsito, porém, exigiria horas para percorrer qualquer um dos trajetos até um recanto seguro.

Cenário semelhante havia sido visto apenas na grande cheia de 1941, que atingira uma cota de 4m76cm e também engolfara a cidade, ou durante a longínqua Revolução Farroupilha (1835-1845). Naquele período conflituoso, acossada por forças rebeldes, a zona urbana iluminada por lampiões presos à fachada das casas era circundada por uma muralha feita de duas fileiras de toras de madeira preenchidas por terra.

O paredão ladeado por um fosso de até quatro metros de profundidade, destinado a proteger os 14 mil habitantes do cerco farrapo, partia das imediações da atual Rua Voluntários da Pátria, avançava pela Pinto Bandeira e seguia pela João Pessoa e Rua da República até desaparecer às margens do Guaíba de então — que, antes dos aterramentos que alteraram a geografia citadina, ficavam na atual Praia de Belas. Um grande portão, onde hoje está a Praça Conde de Porto Alegre, era o único ponto possível de passagem por via terrestre para quem chegava ou partia da povoação trancada à chave.

Quase 180 anos depois, as dificuldades são semelhantes. Mas, em vez de um único muro fortificado, sólido, as barreiras brotam por todos os lados e escoam até se unirem e fecharem mais uma via. No interior da Rodoviária, o corredor central é interditado em razão do extravasamento dos bueiros. Apenas 5% dos 240 horários previstos estão mantidos no meio da manhã. Às 21h, uma nova régua instalada no Gasômetro indica, oficialmente, que a inundação acabara de superar por um centímetro a metragem de oito décadas antes.

Na manhã seguinte, 4 de maio, a enchente se iguala visualmente ao fenômeno de 1941 na zona central. Às 7h45min, a esquina da Rua General Câmara (antiga Ladeira) com a Andradas já está coberta. Na Praça da Alfândega, parte significativa do calçadão de pedras portuguesas sucumbiu.

Da General Câmara, em direção à Sete de Setembro, é possível observar contêineres de lixo flutuando. Na catástrofe dos anos 1940, o fotógrafo João Alberto Fonseca da Silva registrou uma baleeira ocupada por sete pessoas sobre o Largo dos Medeiros, na Rua da Praia com a General Câmara. A água está novamente ali.

Ao mesmo tempo, o Menino Deus registra uma das movimentações mais dramáticas das primeiras horas do pandemônio. O Hospital Mãe de Deus, um dos mais importantes do estado, se encontra ilhado e dá início à transferência dos cerca de 200 pacientes internados a outros estabelecimentos. A prioridade é remover com mais urgência as pessoas sob maior risco.

Cinco bebês recém-nascidos são alguns dos primeiros a deixar a instituição. Seguem-se outros doentes — homens, mulheres, crianças, idosos —, muitas vezes em macas ou cadeiras de rodas, conduzidos a veículos do Exército que os levam até algum ponto seco de transbordo. Na Rua José de Alencar, defronte à entrada da Emergência, fitas de cor preta e amarela isolam as duas pistas para facilitar a movimentação nervosa de profissionais de saúde, militares e ambulâncias. Dezenas de pessoas, nas calçadas próximas, assistem pasmas a um hospital inteiro ser esvaziado. A operação seria concluída, com sucesso, na noite seguinte.

No domingo, dia 5, o Guaíba alcança o nível máximo registrado de 5m35cm na Usina do Gasômetro (que, conforme ajuste posterior, seria confirmado em 5m37cm). Sem outra opção, o prefeito Sebastião Melo decide orientar moradores a deixarem a Capital rumo ao litoral, menos afetado pelas chuvas, com o objetivo de esvaziar a zona urbana, reduzir a demanda por serviços públicos e facilitar a circulação de veículos de resgate.

— Orientei as pessoas para que se dirigissem ao litoral via RS-040. Não há necessidade de todos saírem ao mesmo tempo, mas é prudente sair da cidade, caso possa. A cidade precisa ficar livre de trânsito para que possamos salvar todas as vidas em risco — declara, em uma surpreendente entrevista coletiva.

Resta a Melo reforçar também um apelo à população para economizar água, pois não há previsão para a normalização do serviço. Com apenas duas das seis estações de tratamento operantes (Menino Deus e Belém Novo), cerca de 70% da população da Capital, naquele momento, estão com as torneiras secas e correm aos mercados para tentar matar a sede. Quase sempre, deparam com prateleiras vazias.

Um dos principais entraves envolve a unidade que abastece a estação de tratamento Moinhos de Vento, responsável por atender 21 bairros. Inundada, a estrutura permaneceria desativada de 4 a 15 de maio, quando uma complexa operação envolvendo servidores municipais, técnicos de outros estados e iniciativa privada consegue isolar a unidade de bombeamento, drená-la e recolocar os motores em operação.

Para isso, até mergulhadores são despachados ao local para vedar a estrutura submersa e conter as infiltrações. Tateando as paredes escondidas pela turbidez da enchente, fixam placas de compensado naval (um tipo de madeira impermeável) em todas as aberturas. Depois da secagem, os aparelhos são religados.

O amanhecer do dia 6 é igualmente tenso. Com as aulas suspensas, escolas municipais de ensino fundamental servem de alojamento provisório para moradores de áreas evacuadas. Uma decisão sela a história daquele dia e muda a rotina de milhares de pessoas: a energia da casa de bombeamento de águas pluviais número 16, próxima à Rótula das Cuias, é desligada pela concessionária CEEE Equatorial por alegadas razões de segurança.

A desativação do equipamento de drenagem faz subir rapidamente o volume que vem do Guaíba e do Dilúvio — riacho que divide as zonas Norte e Sul e serve de escoadouro — nas áreas até então parcialmente protegidas pelas bombas. Mas, até o começo da tarde, ninguém sabe que os motores pararam de funcionar.

Representantes da empresa que administra o sistema de energia elétrica justificaram que o desligamento imediato teria sido necessário devido a relatos de choques em pessoas em contato com as instalações de bombeamento. O resultado é que dois dos bairros mais tradicionais começam a encher de uma hora para outra. A água já não se arroja somente pelas brechas do muro ou por cima dos diques, mas pelas entranhas da cidade, das profundezas dos bueiros.

Às 14h36min, vestindo calça jeans e colete laranja da Defesa Civil, Melo divulga um vídeo de 44 segundos nas redes sociais. O título, em letras garrafais, diz: ORIENTAÇÃO AOS MORADORES DA

CIDADE BAIXA E DO MENINO DEUS. Ao fundo, está o prédio do Departamento Autônomo de Estradas de Rodagem (Daer) e da Procuradoria-Geral do Estado (PGE), em cuja fachada está uma pintura feita pela artista suíça Mona Caron e pelo paulistano Mauro Neri, de 65 metros de altura e 15 de largura. O painel retrata uma mulher negra segurando uma planta, a *Justicia gendarussa*, conhecida como quebra-demanda — muito usada nas religiões de matriz africana.

— Estou aqui, na Borges de Medeiros, próximo ao Daer e ao TJ (Tribunal de Justiça), como vocês estão vendo, e está toda alagada essa região. Um pouquinho mais para baixo, na Rótula das Cuias, tem uma casa de bomba, que bombeia toda a água pluvial dessa região e, por uma questão de segurança, a CEEE acabou fazendo o desligamento dessa bomba e está causando não só esse alagamento como vai estender para Cidade Baixa e Menino Deus. Então, quero recomendar aos moradores que saiam dessas regiões, se puderem. Não fiquem no andar térreo. E estou voltando para o Centro Integrado de Comando, onde está o governo, para tomar todas as medidas possíveis para diminuir esse alagamento na região — afirma.

Pegos de surpresa pelas ações da empresa e do poder público, os moradores dos bairros não entendem as declarações como uma sugestão, mas uma ordem de evacuação imediata. Enquanto o prefeito se desloca para o Centro Integrado de Comando (Ceic), vias como Lima e Silva, João Pessoa e Ipiranga ficam apinhadas de carros com famílias em pânico. No Menino Deus, moradores caminham às pressas arrastando malas pelas calçadas, provavelmente ao encontro de alguma carona. Na esquina das vias Múcio Teixeira e Uruguaiana, no final da tarde, um idoso e um jovem choram abraçados ao se despedir.

No bairro vizinho da Azenha, a sede de Zero Hora é um dos pontos de referência da cidade, encravado na esquina das avenidas Ipiranga e Erico Verissimo. O jornal, fundado em 1964 e comprado pelos irmãos Maurício Sirotsky Sobrinho e Jayme Sirotsky da massa falida da antiga Última Hora, do jornalista Ari de Carvalho, é o maior do Rio Grande do Sul, seguido pelo Correio do Povo, do Grupo Record.

ZH, como também é chamada pelos gaúchos, é uma publicação calejada. Enfrentou um incêndio, em 28 de março de 1973, e não deixou de rodar. No dia seguinte, 29 de março, a edição estava nas bancas porque os jornalistas haviam se deslocado para a redação do Jornal do Comércio, na Avenida João Pessoa, e finalizado de lá a edição com a notícia do próprio infortúnio.

O novo desafio se mostra mais complexo. Na segunda-feira, dia 6, pela primeira vez na história a edição impressa de Zero Hora não circularia. A do Correio do Povo também não. As rotativas dos dois jornais foram atingidas. O prédio de ZH é evacuado, mas a redação, no quarto andar, permanece intacta. Trabalhando remotamente, repórteres e editores conseguem aprontar a versão digital do jornal com todas as informações sobre a tragédia em curso na Capital. De forma temporária, o acesso é liberado gratuitamente a todos os leitores.

A publicação em papel seria retomada já na terça, dia 7, graças a um acordo com o Grupo Sinos para utilizar seu parque gráfico em Novo Hamburgo. O Correio, com grandes perdas em sua sede, localizada em um dos epicentros da desgraça, só voltaria a circular em papel em 20 de maio.

Mas ainda às 16h54min do dia 6, em meio ao caos, Melo convoca a imprensa. Ao lado do diretor-geral do Departamento Municipal de Água e Esgotos (Dmae), Maurício Loss, e do diretor de Gestão e Desenvolvimento do órgão, Marco Faccin, o prefeito, visivelmente incomodado com a decisão da CEEE Equatorial de desligar a casa de bombas 16 sem tê-lo avisado, tenta contornar a indignação popular e desmentir boatos de que uma onda avassaladora estava a caminho:

— Não houve um rompimento. Não é um dique que rompeu na Praia de Belas, não é um dique que rompeu no centro de Porto Alegre. O muro da Mauá não rompeu, os portões da Mauá não romperam. Portanto, vai, vai... já está tendo alagamento e vai se estender parcialmente. Até quando eu botei a matéria *(divulgou o risco de alagamento)*, não botei "parcialmente" porque as pessoas *(iriam dizer)*: "Bom, prefeito, *(até)* qual rua?" Não posso fazer isso. Disse bairro Menino Deus e bairro Cidade Baixa.

Faccin é um pouco mais preciso:

— A área mais crítica dessa região da Cidade Baixa seria entre a Borges de Medeiros e a João Alfredo.

Já do lado do Menino Deus, a zona mais sensível seria no entorno da Avenida Praia de Belas.

— Se a casa de bombas 12 parar *(na Avenida Padre Cacique, próximo ao Beira-Rio)*, pode chegar mais próximo de 2 metros naquela região — explica Faccin.

A Rua Barão do Gravataí, no Menino Deus, é uma das que alagam mais rapidamente. Carros estacionados são cobertos até o vidro das janelas. O Parque Marinha do Brasil, que na véspera registrava somente alguns pontos de alagamento, está tomado. O Teatro Renascença, para onde eram levados desabrigados para triagem, tem de ser evacuado de forma emergencial. Apenas duas horas após o aviso tardio da prefeitura, a inundação se estende em direção ao bairro Azenha e se apossa de vias como Erico Verissimo e Professor Freitas de Castro.

Bairros boêmios, que costumam ficar abarrotados de jovens bebendo cerveja e espetando petiscos, são ocupados por refugiados, barracas de apoio e barcos de voluntários retirando moradores assustados. O Menino Deus cantado por Caetano Veloso como um "corpo de azul-dourado" de um porto alegre que é "bem mais que um seguro na rota das nossas viagens no escuro", segue submergindo. A Cidade Baixa, de shows marcantes como os de Charly García, Bob Dylan e tantos outros no palco do Bar Opinião, espelha o mesmo destino.

Somente entre os dias 1º e 7 de maio, o Guaíba receberia incríveis 14,2 trilhões de litros de água conforme estimativa do IPH. Isso corresponde a quase metade do reservatório da Usina de Itaipu — terceira maior hidrelétrica do mundo. Em condições normais, esse volume demoraria 18 semanas para escoar.

Até o relato de gente que teria visto um jacaré pelas ruas alagadas do bairro Menino Deus surge nas redes sociais. A Secretaria Municipal do Meio Ambiente, Urbanismo e Sustentabilidade (Smamus) emite uma nota confirmando o avistamento do animal, fato também capturado em vídeo. De acordo com a nota, um biólogo monitora o deslocamento do jacaré de pequeno porte pelas ruas de uma metrópole atônita.

INCURSÃO À ALMA FERIDA DO CENTRO HISTÓRICO

No dia 6 de maio, uma segunda-feira, a subida irrefreável do Guaíba já havia transformado as vias centrais em uma Veneza lodosa e trágica. O voluntário Demétrio Luis Guadagnin, incansável navegador convertido em resgatista, desce a pé a Rua Caldas Júnior até onde o asfalto vira praia. Desta vez, vai lançar seu bote à água para testemunhar os impactos sobre a zona histórica, mas, ao final do percurso, acabará por salvar mais uma pessoa.

No pico da enchente, um desses limites entre a porção da cidade já engolfada e a área poupada pela cheia está localizada, por ironia, em uma das esquinas da via que os porto-alegrenses apelidaram de Rua da Praia. Oficialmente, uma das mais tradicionais e a mais antiga via do município chama-se Rua dos Andradas. Existe desde a fundação de Porto Alegre, em 1772, quando corria de fato pela orla.

Em seu trecho central, defronte à Praça da Alfândega, concentrava-se toda sorte de comerciante. "Extremamente movimentada, com lojas muito bem instaladas, de vendas bem sortidas e de oficinas de diversas profissões", descreveu, em 1820, o naturalista francês Auguste de Saint-Hilaire após visitar o pequeno povoado de então e deixar um rico relato sobre as primeiras décadas do século XIX. Mais tarde, em 1858, o médico e explorador alemão Robert Christian Avé-Lallemant definiu a via como de "casas muito majestosas de até três andares".

A denominação Rua dos Andradas foi oficializada no distante 17 de agosto de 1865, mas, para os gaúchos, sempre será a Rua da Praia. Mesmo que, aos poucos, os porto-alegrenses tenham avançado o solo urbano em direção ao Guaíba por meio de aterros a ponto de a via histórica ficar a cerca de 500 metros da margem do lago. Neste maio de 2024, a rua volta a ser, literalmente, praia.

Demétrio força o remo para trás e começa a navegar por onde a Capital nasceu, o Centro Histórico de uma Porto Alegre cujos principais cartões-postais foram transformados em uma ferida aberta na alma da cidade. Passa pela frente do Rua da Praia Shopping, pelas bancas de revista e pela sede do Banco do Estado do Rio Grande do Sul, o Banrisul. Tudo inundado.

Ao ingressar numa Praça da Alfândega quase irreconhecível, afloram memórias afetivas: os dias de Feira do Livro que se repetem anualmente sob os jacarandás, o vai e vem da multidão de leitores, as bancas disputadas ombro a ombro, os saraus literários. Agora solitárias, as estátuas em bronze de Carlos Drummond de Andrade e do maior poeta local, Mario Quintana, são duas silhuetas à deriva.

Criado por Xico Stockinger em coautoria com Eloisa Tregnago, discípula do artista e parceira de ateliê, o monumento composto por um banco e duas estátuas foi uma encomenda da Câmara Rio-Grandense do Livro por ocasião da 47ª edição da feira. A obra, inaugurada em 26 de outubro de 2001, desde então se tornou ponto de referência para turistas e visitantes tirarem fotos. Quintana foi retratado sentado no banco, enquanto Drummond aparece em pé e com um livro aberto na mão.

O conjunto foi vandalizado mais de uma vez: o livro de metal já foi furtado, e as estátuas, pintadas de tinta amarela. Volta e meia, um pedaço dos poetas é arrancado. A escultora Eloisa Tregnago, 65 anos, se manteve confiante de que a criação resistiria a seu maior desafio.

— O bom é que, tirando umas mãos decepadas de vez em quando, a escultura dos poetas não requer grandes cuidados. Bronze não desmancha nem se afoga. Teria gostado de vê-los mantendo as cabeças fora d'água — comenta a artista.

No percurso em direção ao Museu de Arte do Rio Grande do Sul (Margs), em frente ao olhar altivo da estátua em homenagem ao General Osório, há desafios invisíveis. Bancos da praça e degraus que conduzem ao monumento são armadilhas submersas para os botes. Qualquer ponta pode furar a embarcação. Com cuidado, Demétrio supera os obstáculos, passa diante do Margs, do Santander Cultural e do Memorial do Rio Grande do Sul.

À direita, na esquina da Rua Siqueira Campos, observa uma árvore recém-tombada. Volta a mergulhar o remo no coração encharcado de Porto Alegre. A Praça da Alfândega está engolida pelo Guaíba, que alcança 1m70cm naquele ponto. Não se enxergam mais os degraus próximos à Rua da Ladeira. Das muitas barracas de ambulantes que ocupam o Centro, só se veem as ferragens das coberturas.

Pela Rua Uruguai chega ao Paço Municipal, na Praça Montevidéu. A água alcança os últimos degraus da entrada da sede antiga do governo municipal, mas poupa os leões brancos que adornam o prédio de 1901. A fonte Talavera de la Reina, presente da colônia espanhola em 1935 por ocasião do centenário da Revolução Farroupilha, desapareceu com seus azulejos azul-cobalto e amarelo-ocre.

Demétrio passa pelo Largo Glênio Peres sob um silêncio sombrio. Só o barulho do remo rompe a calmaria. Não há gente, não há o burburinho dos porto-alegrenses. Ninguém mais se arrisca por aqui, onde a parte superior das folhagens à mostra parece um agrupamento de aguapés. À medida que se aproxima de uma das mais icônicas edificações do estado, o Mercado Público, o cheiro de podre toma conta: o ar tem odor de peixe estragado. Sente-se nauseado. Cebolas, tomates e berinjelas boiam ao redor.

O tour de terror prossegue pela frente do Chalé da Praça XV e dobra à esquerda no terminal de ônibus Parobé. Um jovem solitário vigia o que sobrou do estoque de frutas e verduras das quitandas localizadas por perto. Devido ao medo de saques, resolveu ficar e resguardar o pouco que restou do seu ponto de venda e de outros comerciantes. Construiu uma estrutura em cima da cobertura do terminal para ter onde se abrigar.

Pela Avenida Júlio de Castilhos, avança à sede do Palácio do Comércio, onde fica a Federação das Entidades Empresariais do Rio Grande do Sul (Federasul) e, dali, à Avenida Mauá. Foi deste ponto que, apenas três dias antes, o Guaíba começou a tomar o Centro. Demétrio rema em direção à Usina do Gasômetro e emparelha com a estação Mercado do Trensurb e seu mural em homenagem à Revolução Farroupilha. Há vagões parados, portas de estabelecimentos comerciais arrombadas e ratos saltitando de um ponto a outro no alto das estruturas. No lado oposto, a fachada do Mercado Público atravessada pela lâmina d'água emociona Demétrio, que permanece quase todo o circuito em silêncio.

Perto dali, o topo do Muro da Mauá está ao alcance das mãos. Na tumultuada relação entre Porto Alegre e o Guaíba, a barreira de concreto ocupa um capítulo controverso. Foi finalizada em 1974 como parte do sistema de proteção contra cheias, mas há quem diga que foi a partir de sua construção que se começou a virar as costas para o lago.

Por décadas, a imensa barreira impediu os porto-alegrenses de vislumbrar os armazéns históricos e o lago a partir da Mauá — salvo pelas aberturas das comportas que, em caso de ameaça, são fechadas. Por anos, campanhas em favor da destruição da estrutura foram organizadas para reaproximar a população da orla. O trauma da brutal enchente de 1941 sempre foi mais forte, e o muro permaneceu em pé. Sobre o cimento cinza, painéis comemorativos do aniversário da cidade destacam: "Porto Alegre, 252 anos".

Demétrio ingressa na Travessa Araújo Ribeiro sob o som de helicópteros em missão humanitária que rompem por alguns segundos a calmaria. O antigo Hotel Majestic, atual Casa de Cultura Mario Quintana, domina o campo de visão. De um prédio próximo, um homem à esquerda da embarcação, na Rua Sete de Setembro, diz trabalhar como segurança. Em uma janela do quarto andar, garante que consegue sair dali, se quiser. Por enquanto, só observa. E espera.

A embarcação adentra a Travessa dos Cataventos, pequena via de tijolos desgastados que passa pelo meio da Casa de Cultura. Um céu azul irrompe por trás da edificação roseada, cercada pelo marrom do

Guaíba, em uma rara e dramática paleta de cores. Através do vidro de uma janela térrea, é possível entrever o interior de um bar cujos proprietários colocaram os freezers em cima do balcão de atendimento. Garrafas de Gin, Sangalo, Chivas Regal e Johnnie Walker estão na prateleira sem nenhum cliente a quarteirões de distância.

Há quietude e cheiro de coisa mofada. Ao alcançar novamente a Rua da Praia, se vê a porta entreaberta da tradicional Livraria Taverna. Um dos sócios-proprietários do estabelecimento, Ederson Lopes, está ao lado da entrada.

— Conseguimos salvar os livros, mas a umidade preocupa — confidencia Lopes.

Alguns metros à frente, um homem avisa que duas mulheres com crianças estão à espera de socorro em um prédio:

— Estão na janela lá.

Da sacada do número 766, na Andradas, elas afirmam que, na verdade, não querem sair:

— Não precisa.

Se for necessário, prometem pedir socorro.

— Temos água, mas luz, não — conta uma delas.

Do outro lado da rua, à medida que Demétrio retorna à esquina da Caldas Júnior, onde iniciou o percurso a remo, encontra o morador Jorge Fauth diante do portão de um edifício. Síndico do prédio, ele se empenhara para convencer a mãe, de 81 anos, a deixar o local:

— Vou levá-la para a Zona Sul.

Demétrio entra na recepção às escuras para conduzir a idosa em seu barco até um ponto seco. Jorge alerta para evitar a esquerda, porque há um ralo ali. Ao fundo, nos últimos degraus visíveis da escada, está Dorcélia, mãe de Jorge. Morando há cinco décadas no mesmo apartamento do 14º andar, a apenas duas quadras do Guaíba, ela não queria partir.

— Chorei para não ir — confessa.

Dorcélia e Demétrio se enxergam graças ao facho de luz de uma lanterna. Ela usa máscara para proteção e segue, ainda contrariada, com a água pelos joelhos, até a embarcação. Ao subir a bordo, em meio à penumbra, estende o braço e acaricia as folhas de uma espada-de-são-jorge que decora o hall como se quisesse salvá-la também. O filho tenta confortar a idosa:

— Depois tu leva, mãe.

O barco se afasta em direção à parte alta da Caldas Júnior, e Dorcélia acena a Jorge, que só deixaria o edifício depois de garantir o bem-estar de outros familiares que se enfileiram para abandonar o local. A idosa deixa para trás suas duas cachorrinhas: Fiona, uma shih tzu, e Pity, uma pinscher. Não queria sair sem elas, mas no momento não há como dar conta de tudo.

Naquela noite, Dorcélia não dorme, pensando nas cadelas no escuro. Jorge volta ao apartamento no dia seguinte e consegue, enfim, retirar os animais. Também salva os seus, a dachshund Cacau e a vira-lata Filó. Dorcélia, Jorge e os quatro cães permaneceriam quase três semanas a salvo na casa de familiares no bairro Vila Nova, poupado pela cheia que deixou irreconhecível o centro de Porto Alegre.

A CIDADE
SOB O VÉU DA ESCURIDÃO

À noite, os faróis dos carros que circulam em pontos onde ainda é possível trafegar projetam efígies nos muros, fachadas e marquises da porção já inundada. Ora são seres humanos, errantes pelos bairros Menino Deus, Cidade Baixa e Centro Histórico. Ora são estátuas que, nas trevas da Capital atormentada por sua maior tragédia ambiental, provocam sustos.

São 23h de quinta-feira, 9 de maio de 2024. Há seis dias, a CEEE Equatorial mantém desligada, por justificativa de segurança, a eletricidade em áreas com registro de alagamento — o que, pela configuração das redes de energia, por vezes pode abranger quarteirões enxutos. Com o passar dos dias e a ampliação das regiões inundadas, o breu foi tomando conta de um grande naco da Capital. O pico da escuridão ocorreu no dia 6 de maio, quando nada menos do que 171.074 clientes ficaram desabastecidos. Isso equivale a um terço do município sem luz ao mesmo tempo.

Na esquina da Praça Otávio Rocha, no Centro, o busto do intendente municipal de 1924 a 1928 que dá nome ao local parece se mover. Na verdade, é sua sombra que se movimenta sob o efeito do farol de um carro solitário que aponta do alto da Avenida Alberto Bins. Na Porto Alegre sob trevas, é difícil, por vezes, decifrar o que é real e o que é imaginação.

Edegar Francisco Pedroso é real. Vigilante, já está acostumado à nova rotina de silêncio do Centro, cortado apenas pelo barulho de alguma briga eventual entre moradores de rua sob as marquises. Para ele, a novidade é o breu imposto pela tragédia:

— Quando tinha luz, tudo era calmo. Agora, com essa escuridão total, temos de estar sempre cuidando porque já tentaram saquear lojas.

Com uma lanterna de dois fachos de luz, ele caminha até a esquina da Rua Vigário José Inácio. Este é outro dos novos limites redesenhados pelo avanço do Guaíba. A partir dali, só se vai de barco. A umidade derruba a sensação térmica para alguns graus abaixo da temperatura oficial de 17°C. Minutos antes, Jorge Everton Santos, recepcionista de um hotel dos arredores, fizera uma comparação:

— Parece que estamos pescando à beira daqueles rios no interior.

Sob o véu da escuridão, Porto Alegre parece ter regressado a uma Idade Média que jamais conheceu. Um facho de luz aparece à esquerda, iluminando os prédios da Vigário José Inácio, e se ouvem passos chapinhando a água. A intensidade da luz aumenta e, de repente, o vulto se revela: Alexandre Veleda, técnico em informática que trabalha na Galeria do Rosário, um importante centro comercial popular, se junta ao grupo.

Nesta noite, ele é responsável por vigiar algumas lojas das redondezas. Há pouco, recebera ligação de uma comerciante preocupada com seu estabelecimento. Os saques se tornaram comuns durante a noite. Acreditando ter percebido alguma movimentação suspeita, aponta rapidamente a lanterna em direção à porta de um prédio. Alarme falso.

— É triste vermos a cidade que a gente tanto ama nessas condições — diz.

Veleda volta para a galeria. Edegar regressa para a parte mais alta, na Praça Otávio Rocha. Há sacos de lixo boiando, cheiro de podre no ar e ratos cruzando os poucos metros secos de rua.

No bairro Menino Deus, passados três dias do pior momento de sua história, o giroflex das viaturas da Brigada Militar pinta de vermelho a superfície dos trechos inundados e a fronte dos edifícios, alguns com janelas abertas para a escuridão. Policiais do 1º Batalhão de Polícia

Militar utilizam dois drones ao longo da Avenida Getúlio Vargas para monitorar suspeitos. Um dos equipamentos tem um sensor térmico, que permite identificar pessoas em locais de baixa luminosidade. O outro lança um cone de luz ao solo.

— Os drones permitem uma vigilância mais efetiva como indicação às guarnições que realizam patrulhamento à noite — explica o tenente-coronel Marcio Luiz da Costa Limeira, comandante do grupamento.

Em poucas áreas do bairro é possível caminhar. Já na entrada da Capital, na Elevada da Conceição transfigurada pela água e por um inusitado trecho de brita que dá forma ao corredor humanitário destinado a facilitar a entrada de caminhões e ambulâncias, a escuridão também toma conta de tudo. O caminho, montado com o depósito de cargas de pedra rachão sobre um trecho de 300 metros de área alagada, liga, a 2,5 metros acima da pista original, a Avenida Castelo Branco ao Túnel da Conceição.

Ouvem-se os novos sons da noite porto-alegrense: o motor de um barco que vem da Voluntários da Pátria, o burburinho proveniente de vultos sob o viaduto e alguns gritos esparsos e distantes. Ao longe, vê-se a Passarela da Conceição pairando acima do Largo Edgar Koetz. Inaugurada em 11 de novembro de 1974, dois anos depois do Túnel da Conceição, a estrutura garantiu mais segurança aos pedestres, principalmente passageiros e trabalhadores da Estação Rodoviária.

Seria um dos últimos avistamentos da icônica travessia prestes a completar 50 anos. Na manhã seguinte, seria destruída para permitir o ingresso de grandes caminhões para abastecer a população de comida, remédios e outros itens fundamentais em um cenário de calamidade pública.

O 4º DISTRITO DEBAIXO D'ÁGUA

Durante sua viagem científica pelo Brasil, que incluiu o Rio Grande do Sul, entre 1820 e 1821, o naturalista francês Auguste de Saint-Hilaire descreveu a região do 4º Distrito, na Zona Norte de Porto Alegre, como "bucólica" e propícia para um "aprazível passeio". No mês *horribilis* de 2024, as expressões do passado distante adquirem um tom sombrio. Em meio à turbidez da enchente, a área que empreendedores e o poder público tentam há anos reerguer da degradação assume uma aura silenciosa, sem veículos ou pedestres à vista, e desprovida de sons urbanos, quase campestre.

Foi-se o tempo em que, na Avenida Presidente Roosevelt, comerciantes serviam salame e bebida no bolicho ou que as moças faziam o "footing" sob galanteios dos rapazes. Há décadas, o majestoso túnel verde formado pela copa das árvores na Rua Paraíba se tornou ponto de prostituição e venda de drogas.

A região é chamada de 4º Distrito porque, em 1892, bem depois da viagem de Saint-Hilaire, a cidade foi dividida em cinco distritos a mando do então intendente Alfredo Augusto de Azevedo. O primeiro era o Centro. O segundo e o quinto ficavam na Zona Sul, enquanto o terceiro e o quarto correspondiam à Zona Norte. Na entrada de Porto Alegre, o 4º Distrito teve como origem o então chamado Caminho Novo, atual Rua Voluntários da Pátria. No industrial século XX, brotaram ali, sob o impulso dos modais ferroviário e fluvial, potências que a posicionaram entre as três principais capitais do país sob o ponto de vista da produção fabril.

Em 1824, quando os imigrantes alemães recém-chegados ao sul do Brasil começavam a ir para São Leopoldo, no Vale do Sinos, um grupo de estrangeiros resolveu ficar na estrada do Caminho Novo, erguer casas e instalar oficinas por ali mesmo. Por conta disso, ganhou força a primeira semente de indústria da capital gaúcha.

Até a metade do século passado, a tradicional Voluntários ficava às margens do Guaíba. Logo depois, o entorno foi aterrado e deu origem à atual Avenida Castelo Branco. Os caminhões se tornaram o principal meio de transporte da produção. Como não havia espaço para as fábricas se expandirem, migraram para outros pontos da Região Metropolitana.

Em reação à perda dessas empresas, o poder Executivo utilizou o plano diretor de 1979 como um instrumento para que aquela área se tornasse exclusivamente industrial. Foi o mesmo atestado de morte, aliás, assinado por grandes centros urbanos no Brasil e no mundo. A medida isolou o 4ºDistrito, que virou sinônimo de decisões equivocadas, armazéns abandonados, alagamentos, desinteresse político, cheiro ruim e afastamento urbano, em meio a insegurança e prostituição.

Nas últimas décadas, graças ao movimento de empreendedores e iniciativas estatais, a área vinha se firmando como um polo de inovação, gastronomia e cultura na Zona Norte. Chegaram novos empresários, artistas, arquitetos e pensadores da indústria criativa, gente que apostou que, superados os erros do passado, se construiria um futuro diferente.

Apesar dos problemas e da desigualdade social que permeiam realidades tão díspares quanto a de moradores dos bairros Floresta, Farrapos, Humaitá, Navegantes e São Geraldo, o 4º Distrito passou a ser o endereço da vez em Porto Alegre, impulsionado por uma aspiração de emular os ares de locais como Tribeca e Soho, em Nova York.

O novo momento foi interrompido pela enxurrada tenebrosa de maio de 2024 e deu lugar a um cenário de ruas inundadas, ladeadas por grandes árvores que só se veem pela metade, onde o silêncio é quebrado pelo estalido dos remos e pela passagem esporádica de motos aquáticas pilotadas por resgatistas apressados. Por isso, quem circula por aqui não consegue deixar de se remeter ao clima bucólico descrito por Saint-Hilaire em sua aventura a serviço do Estado francês no século XIX. Só não se pode dizer que esse é um "aprazível passeio".

O Guaíba abocanhou um pedaço de Porto Alegre que, nos últimos anos, recebeu inúmeros investimentos empresariais e, aos poucos, revitalizado, se projetava como hub cultural, de inovação e centro boêmio. Com o objetivo de estimular sua ocupação por empresas e moradores, em 2023 uma lei aumentou a zona de incentivos fiscais e ampliou áreas que fazem parte do Programa +4D de Regeneração Urbana. A lei estabelece a concessão de isenção, por até 15 anos, do Imposto sobre a Propriedade Predial e Territorial Urbana (IPTU) e do Imposto de Transmissão de Bens Imóveis (ITBI). Mas o esforço de revitalização é ainda anterior, remontando ao início dos anos 2010. Os primeiros bares alinhados à nova proposta foram inaugurados por volta de 2015.

Agora a água toma tudo, da calçada recém-reformada por um morador aos centros culturais, sonhos de empreendedores e de amantes da cultura. O 4º Distrito transformou-se em um enorme corpo hídrico ligado pela mesma linha horizontal marrom-escura a outras áreas igualmente convertidas em grandes charcos: 0 Humaitá, mais a norte, onde fica a Arena do Grêmio; o Sarandi, cerca de seis quilômetros a nordeste; o Centro Histórico, ao sul, parcialmente engolido. Acima da inundação, pairando no ar, predominam os cheiros de esgoto, umidade, óleo e carne podre.

O casario nas proximidades do Vila Flores, na Rua São Carlos, é um ícone cultural. Da janela de um prédio de dois andares, Sônia Maria Fernandes Rodrigues, 75 anos, que já venceu "algumas vezes" o câncer, é uma das poucas moradoras que decidiu ficar:

— Tenho meus 15 gatos. Como vou sair?

Antonia Wallig, gestora do Vila Flores, teve todo o térreo alagado:

— Há 10 anos, viemos sediando reuniões da prefeitura com a população, para que essa região possa se desenvolver. O essencial nunca foi feito. Por isso, está acontecendo o que está acontecendo. A gente precisa retomar esse olhar para as políticas públicas estruturantes. A cultura e a arte acabam sendo catalisadoras disso tudo.

Perto dali, Lourdes Rodrigues Fritz e Jessica Dutra estão a bordo de um bote. Conseguiram a embarcação emprestada para resgatar o pouco que sobrou na casa dos tios, de 78 e 81 anos. Saíram quando a água subiu de repente pela Rua São Carlos.

— Pegamos uma TV, o ventilador, e a caixa de remédio deles — conta Lourdes. — A gente sempre ouviu falar de 1941, da marca que deixou no Mercado, mas nunca imaginou que iria pegar toda essa área.

Sobre o portão do Vila Flores, montes de lixo flutuam em meio ao que outrora fora um quadrilátero dedicado ao renascimento da cultura local. Os ateliês, anteriormente repletos de cores vibrantes, foram tomados por um monótono e onipresente marrom.

Próximo da estação de ônibus Florida, na Avenida Farrapos, a cheia atinge a altura dos assentos. Improváveis vozes infantis irrompem à direita. Um grupo de crianças acena de uma janela no primeiro andar de um prédio. Do outro lado, um rapaz, no quarto piso, calcula que está há 11 dias ilhado. Outro, no primeiro andar, avalia que tem comida suficiente para prolongar sua permanência. Todos os dias, eles recorrem a socorristas que arremessam garrafas para o alto. Como o Guaíba teima em recuar lentamente, um dos homens confessa que pretende deixar seu apartamento nos próximos dias:

— Não aguento mais.

Ao longo do caminho, há dezenas de estabelecimentos com as portas arrombadas — pela pressão da cheia ou pela ação de saqueadores. Na Avenida Farrapos, manchas de óleo se sobressaem na superfície. Quase na esquina com a Avenida Sertório, sob o sol a pino do meio-dia, dezenas de garrafas plásticas vazias boiam sem rumo. À esquerda, em uma outra cena ilustrativa desses dias, no interior de uma mecânica com as portas escancaradas e sem sinal de gente, um veículo Camaro branco paira sobre as estruturas de ferro de um macaco hidráulico. Perto da Cairú, há vários carros submersos. Na altura da Igreja São Geraldo, os degraus desapareceram.

A estação Farrapos-Ipa da Trensurb se converteu em uma espécie de entreposto de barcos que vêm das zonas Norte e Leste em direção ao Centro. Como alguns séculos antes, quando barqueiros navegando sobre o Guaíba se cumprimentavam ao passar de um lado a outro, homens e mulheres voltam a encenar o gesto em um sinal de cumplicidade diante do infortúnio generalizado. Em situações normais, o lago estaria a pelo menos um quilômetro de distância.

Essa região, seguindo o previsto no projeto de combate a enchentes elaborado décadas atrás, é um dos oito pôlderes existentes na Capital, de acordo com o Atlas Ambiental de Porto Alegre. Essas estruturas são como aquários ao contrário: a água fica do lado de fora. Dentro, protegida pelo "vidro" — as barreiras de contenção — fica uma parte do município. É guarnecida por estruturas hidráulicas artificiais, em uma das mais clássicas técnicas de drenagem para locais de baixa altitude próximas a rios, lagos ou ao mar.

O pôlder do 4º Distrito é protegido por um sistema composto por diques (muros), reservatórios, dutos e bombas. Viver dentro de um pôlder não garante segurança completa, já que o sistema sempre terá algum risco de não suportar a pressão, de uma comporta se romper, de um dique de terra sofrer de alguma patologia geotécnica e colapsar.

O avançar furioso do Guaíba produziu, no 4º Distrito, algumas de suas cenas mais marcantes. Nesse grupo de bairros ficam seis casas de bombas, responsáveis por drenar alagamentos, e quatro comportas do sistema de proteção a cheias. Entre elas, a de número 14, próximo à estação São Pedro da Trensurb, que se rompeu no dia 3. As casas de bombas não deram conta, e tudo afundou.

Agora, voluntários de jet ski trocam impressões sobre a profundidade no local, e funcionários da Trensurb desembarcam na estação, cujas portas estão entreabertas, como se chegassem a um porto. Perto dali, a Farrapos faz uma curva à direita em direção ao Aeroporto Salgado Filho. Aquela é talvez uma das últimas memórias da zona urbana, em condições normais, para quem está de partida de Porto Alegre. Mas, neste momento, até onde a vista alcança na direção do aeroporto, não há um único torrão de solo firme. Só o líquido barrento sombreado pelas folhas das palmeiras enfileiradas.

A Travessa São José resume um desses emblemáticos pontos do que o 4º Distrito deseja ser: polo de inovação, criatividade, ou um pedaço de San Francisco no sul do mundo. Ali está, por exemplo, o Instituto Caldeira, importante centro de fomento à inovação. O local, sediado em uma antiga fábrica das Indústrias A.J. Renner com 22 mil metros quadrados, teve o térreo inundado. O CEO do Caldeira, Pedro Valério, não esconde a tristeza, mas projeta:

— Amsterdã faz 750 anos que está abaixo *(do nível)* d'água. Ou Veneza, que todo ano alaga, mas sabe conviver com isso dentro da perspectiva da cidade.

Ao final da rua estão o DC Shopping, um dos primeiros empreendimentos a aproveitar o embalo do 4º Distrito, e a antiga fábrica de tecidos Guahyba, identificada por sua tradicional torre. A indústria, iniciada em 1908, fez parte de um relevante polo têxtil do Brasil. Todo esse passado está a 1m90cm da superfície.

Para trazer o progresso novamente à tona, depois do auge da crise de 2024, empresários elaboraram uma série de iniciativas que inclui estabelecer um "novo cheiro" para a região até aquele momento cercada pelo odor de óleo e podridão — como aquelas lojas de shopping pelas quais se passa e, da porta, se reconhece a fragrância.

Para isso, pretendiam contratar um perfumista de São Paulo com a missão de tentar sintetizar um aroma característico para o 4º Distrito. Afinal, onde por tanto tempo vicejou o empreendedorismo, pode estar escondida a semente de uma nova Capital. Uma caminhada por suas velhas ruas e avenidas poderá se tornar, outra vez, o "aprazível passeio" descrito por Saint-Hilaire.

AEROPORTO SUBMERSO, CAPITAL SITIADA

Às 8h35min do dia 3 de maio, Paulo Monteiro dirige o carro desde sua casa, no bairro Marechal Rondon, em Canoas, até o hotel em Porto Alegre onde trabalha como gerente-geral, a 200 metros do Aeroporto Internacional Salgado Filho. Mantém os olhos fixos no trânsito da BR-116, mas sua atenção se concentra cada vez mais nas informações que chegam pelo rádio. Sintonizado na Gaúcha, ergue as sobrancelhas em espanto ao escutar o relato da comunicadora Giane Guerra diretamente do Pepsi On Stage.

A casa de shows, localizada ao lado do hotel e diante do aeroporto, no bairro Anchieta, vinha sendo utilizada como ponto de acolhimento para desabrigados das ilhas já duramente fustigadas. A transmissão ao vivo revela que, agora, o próprio estabelecimento e seu entorno se encontram ameaçados:

"As pessoas vão começar a ser retiradas porque há um risco de que a água também chegue aqui. Não é nada urgente, é um movimento que está começando antes, preventivo, então a retirada dessas pessoas vai acontecer nas próximas duas horas. A Defesa Civil já acionou ônibus que virão até aqui, a partir de agora, e as equipes já estão se movimentando para se responsabilizar, cada um dos voluntários, para pegar um grupo de famílias, para levar eles e os seus pertences até os ônibus conforme os veículos chegarem. Essas pessoas serão levadas para um ginásio na Aparício Borges.

É uma decisão de agora há pouco. O abrigo do Pepsi On Stage vai ser esvaziado nas próximas horas."

Monteiro deixa de escutar as vozes que se sucedem no alto-falante do carro e ouve a si mesmo sussurrar:

— Mas o que está acontecendo...?

Até a véspera, o gerente acreditava ter a resposta a essa pergunta. A cheia já forçava as defesas da Capital, mas Monteiro estava convicto de que a zona do aeroporto ficaria a salvo do pior. Tanto que havia entrado em contato com um amigo hospedado em um estabelecimento do Centro Histórico para convencê-lo a abandonar a área central antes que fosse tarde demais e se transferir a um quarto do Novotel ainda na quinta-feira, dia 2.

— Vem pra cá, porque tu não vai conseguir sair daí amanhã — argumentara ao empresário de Santa Catarina Diego Biff, que aceitou a recomendação.

Quase ao mesmo tempo, o avião King Air do governo estadual fazia a aproximação para pouso no Salgado Filho. Dentro dele, de olhos arregalados atrás de uma das janelas ovais do aparelho, o governador Eduardo Leite retornava de uma reunião emergencial com autoridades federais em Santa Maria. Algumas centenas de metros abaixo da aeronave, já se tornava difícil distinguir o que era rio, lago ou ilha na geografia redesenhada pela fúria do clima. Segundos depois de pousar e observar os canais próximos caudalosos, pensou: "Pode ser que o aeroporto tenha problemas".

Acreditava que os riachos poderiam transbordar e comprometer, temporariamente, alguns pousos e decolagens. Da mesma forma que o gerente do Novotel, mantinha a esperança de que o sistema de diques e casas de bombas fizesse alguma diferença e evitasse uma paralisação por tempo indeterminado — embora repetisse, com frequência, que as barreiras seriam testadas "como nunca".

Na manhã da sexta, quando o Guaíba de fato se insinua com ímpeto crescente sobre as vias centrais, Paulo Monteiro bate a porta do carro no estacionamento do hotel e corre ao Pepsi On Stage para tentar entender o que se passa no bairro onde trabalha. Encontra o secretário municipal de Modernização e Gestão de Projetos, Rogério Beidacki. Sabe por ele das projeções indicando que, caso as medições cheguem a 5 metros, toda a região será inundada.

Não há convicção sobre a profundidade no Cais Mauá naquele momento, já que a régua oficial havia sido danificada pela enchente. A última medição disponível indicara 4m31cm pouco depois das 5h, mas estimativas recentes apontam para algo em torno de 4m50cm, com tendência de crescimento. O risco de os rios próximos fluírem em direção à principal ligação do estado com o resto do mundo é cada vez maior.

Pelos portões do Salgado Filho haviam passado 7,5 milhões de passageiros ao longo do ano anterior — uma multidão equivalente a quase 70% da população gaúcha. Pela pista de 3,2 quilômetros de extensão, no mesmo período, decolaram ou pousaram, ainda, quase 40 mil toneladas de carga fundamentais para colocar literalmente em movimento a economia local. Com estradas alagadas e pontes destruídas desde os dias anteriores em diferentes partes do estado, a perda do Salgado Filho deixaria os gaúchos praticamente isolados do restante do país e asfixiaria setores econômicos fundamentais, como o turismo.

Consternado, Monteiro volta a Canoas para deixar o carro em casa e, perto das 11h, ruma novamente a Porto Alegre no trem metropolitano. Pela janela de um dos vagões da Trensurb, olha para a direita e fica mais inquieto: a oeste, os rios dos Sinos, Jacuí e Gravataí já cobrem as ruas e calçadas dos bairros mais próximos. Mesmo assim, segue relutante em admitir que a inundação poderia fazer submergir o aeroporto e o hotel. No final da tarde, o relato de um piloto de helicóptero que recém havia descido no aeroporto e se refugiado em um dos quartos do seu hotel elimina qualquer esperança.

— Já tem poças na área da pista — confidencia o piloto.

Naquele instante, no interior do saguão de check-in, passageiros em longas filas gesticulam ao falar com amigos, parentes e colegas de trabalho ao telefone celular, ao mesmo tempo em que uma palavra se multiplica em vermelho-gritante nos painéis de informação de voos: "cancelado". Entre os milhares de viajantes atônitos está o educador físico de Bragança Paulista (SP) Edson Faralhi, 56 anos.

Faralhi, mais conhecido como Marinho, havia conseguido chegar ao aeroporto depois de percorrer um extenso calvário em solo gaúcho ao lado de outros cinco integrantes de uma comitiva paulista que havia se deslocado à Capital no final de abril para participar de uma maratona. Depois da prova, o grupo decidira visitar Bento Gonçalves, na serra, onde foi surpreendido pelo dilúvio.

Diante das informações de que as estradas estavam colapsando, fraturadas por quedas de barreiras e pontes, os atletas resolveram deixar a serra e chegar o quanto antes ao Salgado Filho. Uma das integrantes tinha uma cirurgia marcada para segunda-feira, dia 6, o que aumentava a pressão por fugir das tormentas. No primeiro dia do mês, entraram em uma van alugada para fazer o percurso de retorno e escaparam por pouco de uma tragédia: ao descer pela BR-470 rumo à Região Metropolitana, ouviram um estrondo ensurdecedor logo à frente. Ao se aproximarem, descobriram que um deslizamento de terra havia coberto quase toda a pista.

Apavorados, os viajantes se puseram a debater qual o melhor caminho a seguir: contornar o amontoado de barro e pedras sobre o asfalto e arriscarem ficar presos no meio da rodovia, ou retornar em busca de uma rota alternativa mais segura.

— Foi um momento de muita tensão. Por segurança, resolvemos voltar e tentar outra rota — recorda Marinho.

O grupo conseguiu chegar a Montenegro, no Vale do Caí. Como todos os hotéis estavam lotados por hóspedes impossibilitados de seguir viagem, encontraram vaga somente em um motel. Por dois dias, esperaram a liberação das principais vias que conduzem a Porto Alegre — submersas em vários pontos pelo avanço da cheia.

— Como o local onde estávamos também ficou sob risco de ser inundado, e já começava a faltar bebida e comida nos restaurantes, decidimos seguir viagem. Um policial nos informou um caminho alternativo, mas nos alertou de que tínhamos uma janela de umas duas ou três horas para conseguir passar, já que a água não parava de subir — conta o educador físico.

O grupo chegou finalmente ao Salgado Filho ao anoitecer do dia 3 de maio — apenas para descobrir que não conseguiria embarcar. O agravamento da situação havia levado a concessionária Fraport a confirmar, por meio de nota, a suspensão das atividades no terminal. O vice-presidente de operações da concessionária, Edgar Nogueira, afirmou que a pista permanecia em boas condições, mas havia o temor de que um dique nas proximidades se rompesse.

O texto do comunicado diz: *"A Fraport Brasil — Porto Alegre informa que, devido ao elevado volume de chuvas que atingem o Rio Grande do Sul nos últimos dias, e para garantir a segurança de funcionários e passageiros, as operações de pouso e decolagem estão suspensas no Porto Alegre Airport por tempo indeterminado.*

— Naquele momento, estávamos com medo até de a água invadir o saguão — relata Marinho.

O grupo de maratonistas decide alugar outra van para conduzi-los até Florianópolis. Do estado vizinho, conseguiriam finalmente decolar rumo a São Paulo. Mas, se viajantes em desespero tentam sair do Rio Grande do Sul, também há gente aflita para cumprir o trajeto inverso.

No Rio de Janeiro, onde termina de passar férias, a vendedora autônoma e moradora do bairro Sarandi Jucelaine Lozado acaba de ficar sabendo sobre a suspensão dos pousos e decolagens. O cancelamento do voo previsto para a noite de sábado, 4 de maio, é sucedido por uma notícia trágica que chega por telefone na manhã de domingo, dia 5: seu irmão, Vilmar Lozado, morreu em razão da cheia na Zona Norte. A partir desse momento, ela passa a correr contra as horas para voltar de qualquer jeito e acompanhar o funeral do familiar.

— Só pensei que daria um jeito de voltar. Nem que viesse de ônibus, de carona, de alguma maneira, eu iria chegar — recorda Jucelaine.

A solução vem por meio de um périplo que exige diferentes voos e trechos por terra. Sai do Rio às 16h em direção a São Paulo, de onde segue rumo a Florianópolis. Durante o trajeto a bordo da aeronave, sensibiliza uma passageira que está em uma poltrona próxima e consegue uma carona de carro até Xangri-lá, no Litoral Norte. Desembarca perto das 22h em Santa Catarina e se dirige à costa gaúcha.

— De Xangri-lá, peguei um Uber até Viamão, que era a única forma de chegar a Porto Alegre naquele momento — detalha a vendedora.

Jucelaine chega finalmente à Capital na manhã de segunda-feira, 6 de maio, a tempo de se despedir de Vilmar.

Naquele momento, os hóspedes remanescentes no Novotel são resgatados após se recobrarem de uma noite tensa. Como a recepção havia submergido no começo da tarde do domingo, o gerente, 17 funcionários e cerca de 70 hóspedes se refugiaram nos andares superiores à espera de resgate. Um gerador a diesel vinha garantindo energia em alguns momentos-chave do dia: era ligado para permitir o preparo de refeições básicas e o funcionamento dos elevadores nos horários de café, almoço e jantar. O avanço da cheia cercou o equipamento e impediu que voltasse a ser ligado.

O último pernoite foi passado em meio à completa escuridão.

— Descobrimos como a noite é longa — resume Monteiro.

Entre os últimos ocupantes do hotel havia duas gestantes e um paciente cardíaco sem a medicação necessária. Longe da família, o gerente fazia chamadas de vídeo para acalmar a mulher, Daniela, e os filhos Tom, de dois anos, e Caio, de cinco. O mais velho, preocupado com o pai, chorava a cada contato. A família volta a se reunir ainda na segunda-feira, dia 6, após voluntários e bombeiros enfim esvaziarem o hotel.

Quando a água termina de cobrir o complexo aeroportuário, se forma outra imagem emblemática da cheia em solo gaúcho. Resta no pátio, imóvel, uma solitária aeronave. O Boeing 727-200 era utilizado para transporte de cargas e havia se deslocado de Guarulhos para a Capital poucas horas antes do fechamento do Salgado Filho. Como não havia tripulação disponível para levantar voo novamente, ficou preso.

Uma saída provisória adotada pelas autoridades nos dias seguintes seria transferir uma pequena quantidade de voos para a Base Aérea localizada na vizinha Canoas. Os passageiros passaram a fazer o check-in no ParkShopping e então seguir para o embarque na aeronave. Posteriormente, após um procedimento de limpeza, a apresentação dos viajantes voltou a ser feita no terminal do Salgado Filho. O trajeto até a pista da Base Aérea era cumprido de ônibus.

Outros aeroportos receberam reforço de voos, mas longe do suficiente para manter o fluxo de passageiros. O número de pessoas transportadas por via aérea na Região Metropolitana despencou 92,7% no acumulado de maio e junho em comparação ao mesmo intervalo do ano anterior, conforme dados compilados pelo Painel da Reconstrução organizado pelo Grupo RBS.

Até meados de setembro, a expectativa das autoridades era retomar as operações no aeroporto da Capital no mês de outubro, mesmo com pista reduzida, para aliviar o duro impacto da enchente sobre o principal ponto de conexão do Rio Grande do Sul com o resto do mundo.

DEPOIS DA PANDEMIA, O AGUACEIRO: O IMPACTO NOS NEGÓCIOS

A colonização por casais açorianos, que teriam prosperado em paz e harmonia com os demais grupos étnicos trazidos para ocupar o território gaúcho, é uma espécie de mito fundador de Porto Alegre. A origem da cidade está, de fato, ligada à chegada de imigrantes da Ilha de Açores, Portugal, que se estabeleceram às margens do Guaíba no final do século XVIII.

Os primeiros 60 casais açorianos aportaram em 1752 para cumprir o plano do Império Português de ocupação dos Sete Povos das Missões. O Tratado de Madri, de 1750, havia ajustado a troca da Colônia do Sacramento, até então em poder dos portugueses, pelas Missões, de posse dos espanhóis. Embora não tenham chegado aos Sete Povos devido à Guerra Guaranítica, os imigrantes construíram diversas comunidades no Rio Grande do Sul.

Não é difícil encontrar, ainda hoje, descendentes de portugueses entre os comerciantes de todas as nacionalidades e raças que tornam pulsante economicamente o Centro Histórico. No Mercado Público, nas padarias, nos restaurantes e em todo tipo de estabelecimento dos arredores se multiplicam herdeiros da gente que erigiu no sul do Brasil uma trajetória de resiliência. São os Silva, os Guimarães, os Souza, os Gouveia e tantos outros. Uns chegaram antes, outros depois.

José Angelo Gouveia, 47 anos, é o filho mais velho da família de imigrantes portugueses da região de Baião, vila localizada na sub-região do Tâmega e Souza, no norte de Portugal, a 80 quilômetros do Porto. O pai, Antônio Gouveia, chegou em 1963 ao Rio Grande do Sul fugido da ditadura de Salazar e das guerras em que o país estava envolvido nas colônias africanas.

Em solo gaúcho, Antônio casou-se com a porto-alegrense Nara. Tiveram dois filhos. Como tantas outras famílias que ajudam a girar a economia do estado, fixaram-se no comércio: "Somos uma empresa brasileira especializada em pratos congelados de receitas tradicionais da culinária portuguesa. Nascida do amor em receber familiares e amigos para preparar receitas passadas de geração em geração, esta família de imigrantes portugueses tem como objetivo levar o melhor da gastronomia portuguesa ao alcance de todos de uma maneira prática e incrivelmente saborosa", diz o site de um dos empreendimentos dos Gouveia.

No antigo restaurante da família, Vilamoura, o bacalhau às natas, o bacalhau à Brás e o bolinho de bacalhau eram os pratos preferidos pelos clientes. As três receitas famosas eram de Nara, a mãe, mas o apelido famoso dos pratos levava o nome do filho: "Bacalhau do Zé".

Em 2022, o comércio dos Gouveia foi um dos tantos que sucumbiram na crise deflagrada pelo fechamento da economia na tragédia da Covid-19.

— A gente foi diretamente impactado pela pandemia. Dilacerou o patrimônio de todo mundo à nossa volta — lamenta José.

Os Gouveia foram obrigados a se reinventar. José transformou a fama do "Bacalhau do Zé" em marca de congelados de sucesso, hoje presente em mais de 40 pontos de venda nas principais regiões do Rio Grande do Sul e em outros estados. A produção fica na Rua João Manoel, e o estoque, na Rua Caldas Júnior, no Centro Histórico. A família mantém ainda um restaurante chamado Sabor Latino na Rua Siqueira Campos, na mesma área.

Na quinta-feira, dia 2, os rumores de que o Guaíba superaria os paralelepípedos do Cais Mauá dominam as conversas entre os comerciantes do Centro. Muitos, entretanto, duvidam. Em setembro, houve a ameaça de uma inundação que não se concretizou. Em novembro, de novo. José chegou a comprar uma carga de tijolos para elevar os equipamentos dos estabelecimentos, caso o pior ocorresse. Não ocorreu.

— Estás exagerando — disse Antônio, o pai, naquele período.

José cobrava havia tempos que a família tivesse um plano de ação preventiva para o caso de serem surpreendidos de madrugada: qual funcionário chamar? Em quanto tempo? Era fundamental contar com a reserva de uma carga de tijolos para levantar os equipamentos.

Não houve plano. "Mas não aconteceu antes, não vai acontecer agora", pensa José. "Se a água entrar, será, no máximo, uma lâmina", projeta. "Vai bater no tornozelo, na pior das hipóteses".

Naquele dia, a prefeitura começa a reforçar as comportas do Muro da Mauá com sacos de areia.

— Vai vir... — repetem alguns vizinhos.

À noite, José acompanha o nível do Guaíba pela régua de medição localizada no Cais Mauá e se informa por meio de boletins da Defesa Civil e de sites de meteorologia. Por precaução, avisa os funcionários:

— Amanhã, a gente vai chegar às 8h. Vamos terminar o embalo dos produtos para levar para a transportadora. Vamos terminar a função ao meio-dia. Depois, resolvemos a questão da enchente. Vamos levantar os equipamentos.

José reserva o turno da tarde para elevar o maquinário. Para ele, haverá tempo. Se a água vier, será no final de semana.

— Vamos deixar tudo pronto. Vamos levantar tudo, vamos desligar o que tem que desligar, vamos resolver. Se não vier, a gente só vai perder um turno desmontando, abaixando tudo na segunda-feira — reforça com os empregados.

Seguindo o roteiro elaborado na véspera, na sexta-feira, dia 3, ele chega às 8h à sede da Caldas Júnior. Como não há atendimento ao público, costuma trabalhar de portas fechadas. Imprime notas fiscais e adesivos para embalar as caixas quando ouve batidas à porta.

— Vocês estão aí dentro, não enxergam, mas a água já está na esquina! — alerta um vizinho.

— Cara, como assim? — espanta-se.

Às 8h45min, José corre em direção à Mauá. A linha d'água avança e já atinge os arredores do Centro Administrativo Municipal, na esquina da João Manoel com a Siqueira Campos. Vias que, 45 minutos atrás, estavam secas haviam se transformado em um lago.

Ele e os funcionários param tudo o que estavam fazendo. Recolocam os produtos que seriam despachados de volta aos freezers. Garçons do outro restaurante da família correm para ajudar a levantar as estruturas às pressas. José acredita que, dentro dos congeladores horizontais, erguidos a 60 centímetros do chão, os produtos estarão protegidos. Um dos rapazes, na rua, grita:

— Zé, tu vai perder teu carro!

O veículo se encontra estacionado na rota do Guaíba em elevação. José fecha o estabelecimento do jeito que a urgência permite. Pega o carro, sai da Caldas Júnior e dirige até a João Manoel, onde fica outro de seus estabelecimentos. Ali, os equipamentos estão sobre a bancada: máquina moldadora de salgado, no valor de R$ 20 mil, seladora, cinco balanças. Cogita que, se a água entrar, não os atingirá.

— Para mim, não havia a menor hipótese.

Às 10h30min, o grupo é forçado a abandonar o Centro.

— Não tinha muito mais o que fazer — resigna-se.

A cheia supera a bancada da João Manoel e os freezers da Caldas Júnior, subindo até 1m85cm. Nos dois locais, José calcula um prejuízo superior a R$ 150 mil. No restaurante da Siqueira Campos, chega a R$ 1 milhão. Além de mesas, cadeiras, material elétrico e máquinas, a família perdeu todo o estoque. O que não foi levado pela torrente, apodreceu em razão da falta de energia elétrica. Seriam 30 dias sem luz.

A cada vitrine ou balcão das zonas mais castigadas, histórias de perda e incredulidade se repetem. Na loja de roupas Fato Concept, na esquina da Rua dos Andradas com a General Câmara, a marca da enchente na parede ficou a mais de um metro do chão. O prejuízo foi de R$ 50 mil, sem contar o mobiliário. O local permaneceu fechado durante 32 dias, e foi preciso empregar geradores de energia e uma bomba para drenar cerca de 900 mil litros do porão ao longo de 10 dias.

— Não acreditava e nunca imaginei ver uma enchente aqui. Foi muito triste ver a Andradas e principalmente a nossa loja daquele jeito. Foi inacreditável. Essa é a palavra. Tu vê barcos em frente da tua loja – relata o caixa Everton Mendes, 65 anos.

O proprietário da Padaria e Confeitaria Roma, Maikon Daltoe, 38 anos, não acreditava na possibilidade de ver a água inundar a Rua dos Andradas, onde fica o estabelecimento. Foi obrigado a fechar as portas em 3 de maio, quando a enchente tomou o Centro.

– Não esperava que a água viesse aqui. Nunca imaginei que pudesse vir na Andradas e da forma que veio – revela Daltoe, salientando que o impacto foi emocional e financeiro.

No início da cheia, ele empilhou sacos de areia na porta, mas a água entrou. Chegou aos 80 centímetros lá dentro e estragou os móveis em madeira. Foram 21 dias sem poder reabrir, e os prejuízos somaram R$ 600 mil.

– Não tem a palavra certa, mas foi apavorante e angustiante. Aquele silêncio, aquela penumbra. Era uma coisa de não se acreditar – recorda o comerciante.

Na orla, não muito distante dali, o empresário Edemir Simonetti, 65 anos, proprietário do 360 POA Gastrobar e do Baruno, outros estabelecimentos danificados, estima os prejuízos em torno de R$ 300 mil. O primeiro conseguiu reabrir em menos tempo, enquanto o segundo seguia em reforma até o começo de agosto.

Famoso pela silhueta futurista, arredondada, o complexo do 360 junto ao Parque Moacyr Scliar tem capacidade para atender a 250 pessoas no interior e ao redor da estrutura de vidro e metal voltada em 360 graus para o lago (de onde vem o nome), sobre o qual se localiza apoiada em um largo pilar.

Foram investidos cerca de R$ 800 mil até a inauguração. O empresário detalha que o 360 está suspenso a 1m70cm acima da medida da enchente de 1941. Ver a água subir a ponto de entrar no estabelecimento panorâmico, inaugurado em 2018, foi um choque. Quatro dias depois do começo da cheia, Simonetti subiu em uma lancha para acessar o restaurante e tentar salvar alguns itens.

— Era um sentimento de guerra e de destruição. Talvez acabar um negócio que é um ícone da cidade. Era um sentimento muito horrível. Uma frustração grande, uma incapacidade de fazer alguma coisa para salvar o 360 — compartilha.

O 360 teve 50% de destruição nos deques externos. O contêiner onde ficava armazenado todo o estoque, móveis, balcões e cadeiras foram danificados. No lado interno, entrou água na parte inferior onde estavam abrigados equipamentos de informática e os motores.

Situado nas proximidades e castigado mais severamente, o Baruno teve 95% de destruição — patamar similar ao de outros bares do trecho mais baixo da orla. O empresário ainda precisou lidar com a enchente no Chalé da Praça XV e no Bistrô do Margs, também de sua propriedade e localizados em outros pontos da Capital.

— Agora é recomeço, gratidão e alegria. As pessoas enviam mensagens positivas, visitam e ligam. Existe uma sensação de vitória e de estar vivo — acrescenta.

Todos esses negócios fazem parte de um conjunto de 45.970 empresas, segundo estimativa da prefeitura, prejudicadas diretamente pela crise climática de maio na Capital. Desse universo, dois terços correspondem a negócios do setor de serviços, um quarto, a comércios, e o restante, a indústrias. Os custos públicos provocados pelos danos generalizados na cidade, segundo a gestão municipal, somariam algo entre R$ 6 bilhões e R$ 8 bilhões.

2
COMO A ÁGUA TOMOU A CAPITAL

A ROTA DE HORROR DA INUNDAÇÃO ATÉ A METRÓPOLE

Quando o Guaíba começou a borbotar por entre as frestas das comportas no Muro da Mauá, durante a madrugada daquele 3 de maio, um temor veio à tona entre a população de Porto Alegre: a imagem traumática da metrópole tomada pela enchente de 1941, entalhada no imaginário popular pelas antigas fotos em preto e branco, transbordaria outra vez para a realidade? Até poucos dias antes, a cogitação soava como devaneio.

Desde outra grande cheia registrada no final dos anos 1960, quando nem havia sido construída a muralha de proteção, o lago jamais havia voltado a se arrojar pelas ruas e avenidas da Capital. A história se repetiria como tragédia nas horas seguintes, quando a lâmina de água se infiltrou na Avenida Mauá, invadiu a Praça da Alfândega, subiu pela Avenida Borges de Medeiros e manchou de marrom outra vez as paredes do Mercado Público.

Ao final de sua investida, a inundação afetaria 160 mil pessoas, provocaria pelo menos cinco mortes e deixaria 15 mil desabrigados, superando as marcas do passado distante e reivindicando para si o epíteto inglório de pior catástrofe já testemunhada. Quando enfim refluiu, deixou para trás toneladas de entulho e um novo trauma coletivo.

O Guaíba, os rios Jacuí e Gravataí e riachos internos já se insinuavam sobre a cidade desde a véspera, quinta-feira, dia 2. Na Zona Norte, o bairro Navegantes começara a encher nas partes mais baixas e, no limite com Alvorada, o Arroio Feijó transbordava. Mas era pelo agravamento do cenário no Centro que grande parte da população avaliava o grau de perigo a que estava exposta e como o novo fenômeno se compararia àquele de 1941, quando barcos deslizaram por entre edificações históricas e usaram a Borges de Medeiros como ponto de embarque e desembarque.

Em 2024, o desastre que se abateu sobre Porto Alegre a partir das primeiras horas daquela sexta-feira nublada e fria começou a se formar, na verdade, a centenas de quilômetros da Capital e vários dias antes do jorro alaranjado verter pelas comportas de contenção e brotar do chão através dos bueiros como pequenos gêiseres urbanos.

A geografia do Rio Grande do Sul faz de sua Capital a extremidade mais estreita de uma espécie de funil hidrológico que capta a umidade nos 84 mil quilômetros quadrados da região hidrográfica do Guaíba, com uma extensão equivalente a um terço do estado, e direciona todo esse volume para a metrópole, de onde vai para a Lagoa dos Patos e se despeja na imensidão azul do Atlântico. Quase metade de toda a chuva que toca o solo gaúcho é drenada por esse conduto natural a céu aberto.

Um dos principais canais desse complexo hídrico é formado pelo eixo dos rios das Antas e Taquari. Ainda com o nome de Antas, nasce nos Campos de Cima da Serra e escorre por 390 quilômetros até receber a denominação de Taquari, já nas proximidades de São Valentim do Sul, na Serra. A partir daí, corre por mais 140 quilômetros cruzando cidades como Muçum, Encantado, Roca Sales, Lajeado, Estrela e Cruzeiro do Sul até encontrar o Jacuí, que segue rumo ao Guaíba.

Já o Caí parte da Serra, passa por São Sebastião do Caí e também se dirige à zona metropolitana. Da mesma forma, o Rio Pardo chega à cidade homônima e de lá toma a direção Leste com o mesmo destino. O Gravataí e o Rio dos Sinos igualmente ajudam a encher o manancial que banha a maior cidade gaúcha.

Ao desembocar na área central do município onde vivem 1,3 milhão de pessoas, esse caudal precisa se espremer por um canal de menos de um quilômetro de largura no trecho que separa a Ponta do

Gasômetro da Ilha da Pintada. Durante quase seis décadas, desde setembro de 1967, todo aguaceiro despejado nas regiões do Planalto, dos Vales, Central e Metropolitana conseguiu cruzar por esse gargalo sem grandes sobressaltos rumo ao mar, causando apenas inundações eventuais quase sempre restritas às ilhas.

Essa relação pacífica da metrópole com seu manancial deu sinais de que estava chegando ao fim em duas oportunidades no ano anterior. Em setembro, a cota de inundação calculada em 3 metros para a zona central foi superada em 18 centímetros e espalhou uma fina lâmina sobre a pista da adjacente Avenida Mauá. O fenômeno se repetiu em novembro, quando o Guaíba subiu 46 centímetros além do limite de cheia e voltou a se lançar sobre o asfalto.

Os indícios de maior severidade do clima se transformariam em catástrofe humanitária poucos meses depois, quando bairros inteiros submergiram e o nível do lago chegou a ficar mais elevado do lado de dentro do Muro da Mauá, em pleno centro da Capital, do que sobre seu leito natural para além do paredão de concreto.

A origem do dilúvio que assomou às ruas e avenidas da metrópole está no volume descomunal de chuva registrado em vastas porções do estado na semana anterior ao início da inundação em Porto Alegre. Diferentes cidades do interior, localizadas em uma ampla faixa entre as regiões Centro e Norte, registraram índices torrenciais nos pluviômetros. Em apenas sete dias, choveu mais de um terço do esperado para o ano inteiro em Fontoura Xavier: entre os dias 25 de abril e 2 de maio, foram despejados 705 milímetros na localidade do norte gaúcho. É como se fossem vertidos 705 litros em cada metro quadrado de solo nesse período, concentrados principalmente nos últimos três dias.

A chuvarada despencou com intensidade semelhante em muitos outros pontos naquela mesma semana, multiplicando a força do turbilhão que, nas horas seguintes, escorreria para os maiores rios de cada localidade e jorraria velozmente em direção à parte mais urbanizada do Rio Grande do Sul. Em Bento Gonçalves, desabaram 587 milímetros em sete dias. Em Soledade, 526 milímetros. Em Santa Maria, outros 487 milímetros.

No dia 30 de abril, em uma conversa privada com o governador Eduardo Leite, o vice Gabriel Souza — que já havia coordenado o gabinete de crise estadual durante as enxurradas do ano anterior no Vale do Taquari — reforça um alerta:

— Eduardo, se nós não contarmos com apoio aéreo para resgatar pessoas, vai morrer muita gente.

A preocupação se devia ao fato de os helicópteros das forças de segurança locais não conseguirem operar à noite ou sob tempo severo. Ainda pela manhã, o governador dá início a uma série de conversas palacianas. Por telefone, fala com o ministro da Defesa, José Múcio Monteiro, que naquele momento se encontra em Santa Maria acompanhando o desenrolar da crise. A principal intenção é abreviar o tempo necessário para colocar a burocracia em movimento até liberar os aparelhos.

— A partir da experiência que tivemos no ano passado, sei que tem uma certa burocracia e um tempo de mobilização dentro das próprias Forças Armadas. Então, por favor, mobilizem tudo que é possível — diz Leite a Monteiro.

Na sequência, dialoga com o ministro da Integração e do Desenvolvimento Regional, Waldez Góes (que responde pelo sistema nacional de Defesa Civil), e, já no meio da tarde, com o vice-presidente Geraldo Alckmin. Embora o Planalto desse andamento internamente às solicitações das autoridades gaúchas, nos corredores do Piratini cresce exponencialmente a angústia diante do cenário climático cada vez mais funesto e da falta de garantias mais claras do que seria providenciado.

— Decidimos entrar em contato com o presidente da República. A gente precisava dar noção da gravidade. Peço para falar com o presidente. Dos ministros todos eu tenho o telefone, mas do presidente eu não tenho. Dizem que nem usa diretamente, tem um ajudante de ordens, enfim. Então a gente entra em contato com o ajudante de ordens e fica esperando que retorne. E demora, demora. Pelo tamanho da angústia, não sei dizer quanto, meia hora, uma hora. Aí eu disse, "olha, vamos para as redes sociais" — revela o governador, em entrevista concedida na ala residencial do Piratini no mês de agosto.

No final daquela noite de abril resolve, então, publicar um polêmico pedido público de auxílio via rede social. A postagem feita às 19h04min no X, antigo Twitter, diz "Presidente Lula, por favor envie IMEDIATAMENTE todo o apoio aéreo possível para o RS. Precisamos resgatar JÁ centenas de pessoas em dezenas de municípios que estão em situação de emergência pelas chuvas intensas já ocorridas e que vão continuar nos próximos dias."

Parte dos internautas país afora responde à postagem do gaúcho sugerindo se tratar de uma manifestação que busca explorar politicamente o instante de nervosismo generalizado. "Empurrando as responsabilidades para o governo federal através do X", critica um usuário. O governador rebate hoje essa avaliação:

— A preocupação ali foi chamar a atenção, mostrar que é angustiante o que estava sendo vivenciado no Rio Grande do Sul, muito maior do que o que já se vivenciou em outros momentos.

Lula faz contato por telefone com Leite e também se manifesta pelas redes sociais 34 minutos após o tuíte do governador: "Coloquei o governo federal à disposição do Rio Grande do Sul, que novamente sofre com as fortes chuvas (...) e, no que for necessário, governo federal irá se somar aos esforços do governo estadual e prefeituras para atravessarmos e superarmos mais esse momento difícil." São disponibilizados inicialmente dois helicópteros H-60 Black Hawk baseados em Santa Maria, mas o uso de dois Panteras do Exército atrasa algumas horas em razão da falta de teto para voo. Nos dias seguintes, dezenas de aparelhos das Forças Armadas, de governos e polícias estaduais e de operadores privados seriam utilizados em diferentes ações.

Nos vales, o aguaceiro de proporções amazônicas passara a fluir pelos leitos dos rios, principalmente ao longo do eixo formado pelo rio das Antas e pelo Taquari, na forma de um borbotão ruidoso e implacável. Ao longo do percurso, já indica que os porto-alegrenses deparariam nos dias seguintes com um evento de dimensões inéditas. Confirmando as piores previsões, a enxurrada barrenta arrasa localidades inteiras, como Passo de Estrela, em Cruzeiro do Sul, e Mariante, em Venâncio Aires, no Vale do Rio Pardo. Casas de material são arrancadas dos alicerces, retorcidas e trituradas até desaparecerem em meio à corrente lodosa que se bota por cima de tudo.

Em Cruzeiro do Sul, uma tentativa de resgate resulta em uma das ocorrências mais dolorosas da catástrofe climática em solo gaúcho. Na tarde da quinta-feira, 2 de maio, o morador João Alexandre Gonçalves de Morais, 29 anos, e um homem identificado como Fabiano aguardam por socorro sobre o telhado da casa onde vivem — última porção do imóvel ainda visível em meio ao turbilhão lamacento que zunia centímetros abaixo e fazia sacudirem as paredes de concreto.

Um bombeiro preso por corda a um helicóptero da Brigada Militar consegue retirar Fabiano e conduzi-lo à segurança. De acordo com Gabriel Souza, a decisão de voar com os aparelhos do estado, mesmo sob condições impróprias de chuva e pouca visibilidade, foi encampada pelos pilotos em razão da necessidade urgente de salvar vidas.

— Foram heróis — avaliaria, em entrevista concedida no começo de agosto, o vice-governador.

Mas, na terrível quinta-feira de maio, falta içar Morais, que havia cedido a prioridade de resgate ao companheiro de infortúnio por ser o único dos dois que sabia nadar. Um vizinho que registra a cena à distância com um telefone celular repete, para si mesmo:

— Vai dar, vai dar, vai dar!

Segundos depois, a casa se esfacela sob a pressão insuportável da água. O bombeiro, amarrado à aeronave, é puxado e sobrevive. O corpo de Morais seria encontrado no dia seguinte, a quilômetros de distância, em Estrela. Ao todo, pelo menos 183 pessoas morreriam devido à cheia em todo o Rio Grande do Sul, de acordo com as informações oficiais disponíveis até meados de setembro. A conta final ainda poderia mudar em razão de quase três dezenas de pessoas seguirem desaparecidas até aquele momento.

O Vale do Taquari testemunhara um cenário semelhante no ano anterior, quando a passagem de ciclones extratropicais lançou bombas de umidade sobre o extremo sul do país em dois episódios distintos, também com impacto posterior sobre a zona metropolitana. Normalmente, esses sistemas caracterizados por grandes massas de ar que giram no sentido horário e costumam gerar tempestades surgem no oceano e se afastam cada vez mais do continente.

Nos dois episódios de 2023, uma situação anômala fez com que essas formações surgissem sobre o território do estado e causassem danos impressionantes antes de sumirem mar adentro. Os temporais deixaram pelo menos 56 mortos em setembro, e apenas dois meses depois provocaram outras cinco vítimas confirmadas.

Na grande enchente do outono de 2024, outros fatores explicam o alto volume de chuva e o inédito poder de destruição demonstrado pelos rios revoltosos. O meteorologista da Universidade Federal de Santa Maria (UFSM) Vagner Anabor avalia que o estado foi afetado por um sistema meteorológico quase estacionário, alimentado por um "gradiente térmico" bastante acentuado. Isso quer dizer na prática que, enquanto o resto do país suava sob temperaturas escaldantes provocadas por uma massa de ar quente, os gaúchos estavam localizados na fronteira entre essa zona de calor e o ar mais frio proveniente do sul.

Como resultado, em vez de as tempestades durarem apenas algumas horas e desaparecerem, passaram dias a fio morrendo e renascendo em uma mesma faixa do território do Rio Grande do Sul. Sem estar associado a um fenômeno de maior escala que o "empurrasse" adiante, esse sistema permaneceu drenando umidade da Amazônia de forma ininterrupta até fazer transbordarem os mananciais. A persistência do fenômeno El Niño, que aquece o Pacífico e intensifica a precipitação no sul do Brasil, se aliou aos efeitos das mudanças climáticas para açular a fúria da natureza. Falhas no sistema de proteção contra enchentes da Capital amplificariam o impacto dessa combinação.

A precipitação acima do comum apresenta diferentes formas e riscos conforme o local onde se acumula, esclarece o professor de Gestão de Desastres do IPH da UFRGS Masato Kobiyama. No Vale do Taquari, a água desce em direção à Região Metropolitana por um caminho estreito e com um gigantesco desnível: enquanto as regiões de cabeceira dos rios estão localizadas a até mil metros de altitude, lá pelos Campos de Cima da Serra, as povoações situadas na ponta de baixo do leito fluvial estão apenas algumas dezenas de metros acima do nível do mar.

O resultado disso é que o nível da correnteza pode se elevar em mais de 20 metros em questão de poucas horas, ilhando comunidades inteiras de supetão — e baixar em ritmo igualmente acelerado.

— De Lajeado pra cima, as inundações são extremamente bruscas, e costuma haver deslizamentos de terra. É muito diferente do que ocorre na Região Metropolitana — explica Kobiyama, que viveu de perto situações de risco natural, como terremotos no Japão, seu país natal, antes de mudar de continente.

Como o Jacuí e o Guaíba dispõem de margens muito mais amplas do que o Rio Taquari, tendem a demorar muito mais tempo para subir, mas também tornam a espera pelo retorno à normalidade bem mais longa.

ANATOMIA DO FRACASSO: POR QUE O SISTEMA ANTICHEIAS FALHOU

A complexa infraestrutura que deveria ter impedido a cheia aterradora de 2024 de transformar ruas e avenidas de Porto Alegre em canais navegáveis conta com uma primeira barreira formada pelos 2.647 metros do Muro da Mauá, erguido no Centro Histórico, por 24 quilômetros de diques externos a sul e a norte da cortina de concreto e por outros 44 quilômetros de diques internos destinados a conter a subida de arroios como Sarandi, Areia, Dilúvio, Cavalhada e Sanga da Morte. A estrutura, como um todo, não se mostrou à altura do desafio enfrentado no começo do mês de maio.

— No final das contas, o sistema não funcionou propriamente como de proteção, mas sim de retardo da cheia, porque acabou apenas atrasando o tempo em que as águas entraram pelos diversos pontos em que houve falha. Em contraponto, uma vez que a cidade estava inundada, atrasou a saída, tanto que uma comporta precisou ser removida *(para facilitar o escoamento)*, e bombas tiveram de ser instaladas dentro de bairros para que secassem mais rapidamente — constata o hidrólogo do IPH Fernando Fan.

A linha de proteção do município assume às vezes a forma de terrenos elevados por onde passam avenidas como a Beira-Rio e a Castelo Branco e, por isso, nem sempre são percebidos como parte integrante do eixo de defesa contra enchentes. Do lado de dentro do muro e dos diques, há 23 Estações de Bombeamento de Água Pluvial (Ebaps) cuja missão primordial é expulsar para fora de cada uma das áreas protegidas, os chamados pôlderes, o volume proveniente de chuvas mais intensas.

Todo esse intrincado sistema, idealizado nos anos 1960 e erguido até o início da década seguinte pelo extinto Departamento Nacional de Obras de Saneamento (DNOS), foi testado em setembro de 2023, quando já apresentou as primeiras falhas, novamente desafiado em novembro, quando voltou a vazar, e sucumbiu de vez em maio.

Uma das características marcantes da enchente de 2024 na Capital é que a água não avançou apenas por cima do solo, mas também sob a superfície, de forma sorrateira, por dentro da canalização de drenagem que, em vez de expulsá-la, acabou por conduzi-la para o interior da área urbana como quem abre as defesas da cidade a um invasor. Para entender como a inundação se apossou da metrópole, é preciso compreender como o sistema de proteção foi concebido e como deveria ter funcionado.

As principais obras não foram resultado imediato da enchente de 1941, ocorrida quase duas décadas antes do início das intervenções. Seguiram-se a um outro evento, muito menos lembrado, mas também danoso, que castigou os porto-alegrenses em 1967. No final do inverno daquele ano, chuvas pesadas resultaram em problemas generalizados em várias partes do estado. Na Capital desguarnecida, o Guaíba alcançou 13 centímetros acima da cota de inundação — o suficiente, devido à falta de estruturas de contenção, para se espraiar por ruas centrais e de bairros como Floresta, São Geraldo e Navegantes.

A prefeitura registrou 25 mil desalojados já nas primeiras horas, em meio a uma população de quase 900 mil pessoas. Famílias que precisaram sair de casa foram concentradas no parque de exposições localizado no bairro Menino Deus, na área onde hoje ficam o Centro Estadual de Treinamento Esportivo (CETE) e a Secretaria da Agricultura, Pecuária, Produção Sustentável e Irrigação do estado.

A capa do jornal Zero Hora do dia 23 de setembro de 1967, um sábado, estampava uma foto aérea com o Centro ao fundo e as avenidas Borges de Medeiros e Praia de Belas, em primeiro plano, parecendo um pântano urbano sob a manchete "Nossa triste cidade". Quase ninguém tinha luz ou telefone, e todo o dinheiro do Tesouro Estadual, que se encontrava guardado no cofre da Secretaria da Fazenda, precisou ser transferido emergencialmente ao Palácio Piratini, em posição mais elevada, para não ser destruído.

Foram as muitas gotas d'água que faltavam para uma ação mais enérgica por parte do poder público. Órgão federal, o DNOS implantou então o sistema composto por diques e 18 estações de bombeamento pluvial que seriam ampliadas posteriormente para 23. Enquanto as barreiras físicas devem manter os mananciais afastados da área urbana, as casas de bombas têm a missão de escoar o acúmulo de chuva para longe da zona protegida.

Os técnicos estabeleceram que esse aparato tinha de ser capaz de manter o município a salvo de uma enchente que atingisse uma cota de até seis metros — cifra obtida tomando-se como base a cota de 3 metros de inundação, somada ao nível que o Guaíba alcançou acima do patamar de 1941 (ou seja, 1m76cm além dos 3 metros), e acrescido ainda de uma margem de segurança de mais 1m25cm. Somando-se essas alturas todas, chega-se aos seis metros de alívio prometidos pela engenharia.

Boa parte dos diques é formada por elevações do terreno por onde passam vias importantes como freeway, Castelo Branco e Beira-Rio, batizada oficialmente de Edvaldo Pereira Paiva. Para não isolar o Centro Histórico do seu porto, a opção foi erguer um muro de concreto entrecortado por comportas que seriam fechadas apenas em caso de emergência. Ao todo, foram instalados 14 portões metálicos no muro e nos diques adjacentes.

A construção da cortina de proteção começou em 22 de setembro de 1971, no trecho entre a Avenida Sepúlveda e a Rua Bento Martins, e foi concluída em 1974 graças a um convênio entre União, estado e prefeitura. Ao final do serviço, descia três metros abaixo do solo e se elevava outros três metros acima do chão, em uma configuração robusta destinada a suportar a eventual implantação de uma pista de veículos sobre si — ideia que jamais foi levada adiante.

Já o sistema de drenagem pluvial foi pensado para coletar as sobras da chuva e conduzi-las por duas formas. Nas partes mais altas, como o desnível do terreno é maior, canalizações chamadas de condutos forçados usam apenas a força da gravidade para expulsar o volume acumulado nas ruas. Nas zonas mais baixas, onde isso é difícil, principalmente quando o lago está elevado, as 23 casas de bombas, cada uma delas com vários motores controlados por painéis eletrônicos, têm a função de empurrar a água à força para fora através das tubulações.

Desde que foi entregue até setembro de 2023, o complexo anticheias nunca havia sido colocado à prova de fato. Somente em 2015 a população experimentara o temor de uma nova ameaça sobre a área urbana, quando ondulações impulsionadas pelo vento bateram contra o piso do Cais Mauá e lançaram respingos sobre a área dos armazéns, mas não chegaram a invadi-lo por completo. Oito anos depois, o lago subiu 18 centímetros acima do limite, chegou às comportas e mostrou pela primeira vez que havia problemas sérios na estrutura de segurança. Filetes de líquido marrom passavam por frestas das folhas de aço, mas não causaram grandes transtornos.

Em novembro, a natureza enviou um novo alerta. Dessa vez, com ênfase redobrada. A régua hidrológica instalada na área do Cais apontou uma subida de 46 centímetros além do nível de inundação, as comportas voltaram a ser fechadas e, novamente, vazaram. Um dos problemas evidenciados nas duas ocasiões foi a falta de vedação nos portões do Muro da Mauá.

Um projeto do próprio DNOS dos anos 1980 previa a instalação de um simples conjunto emborrachado, preso por parafusos, nos pontos de junção das folhas metálicas com a continuação do muro. Em 2011, o então prefeito José Fortunati inaugurou um novo conjunto de portões com "vedações de borracha nas laterais e na base", segundo notícia divulgada pelo extinto Departamento de Esgotos Pluviais (DEP), o antigo guardião daquela infraestrutura. Em algum momento entre a entrega festiva das melhorias e a chegada da enxurrada, esse material se perdeu e não foi reposto.

Quando a colossal massa de água que vinha se acumulando desde os dias anteriores em uma enorme fração do estado finalmente alcançou as margens da Capital, encontrou um caminho facilitado até o interior da cidade. Algumas borrachas a mais não teriam segurado todo aquele volume diante das deficiências generalizadas de diques e estações de bombeamento, mas o episódio ilustra a falta de atenção de sucessivas administrações a um dos pontos centrais da estratégia destinada a resguardar a população.

Fragilizadas, as comportas do paredão na Avenida Mauá, assim como nos dois eventos anteriores, deixaram correr um fluxo constante pelas aberturas e por entre os pequenos sacos de areia mal-ajambrados e empilhados diante dos portões em uma última tentativa — tão desesperada como inócua — de controlar um Guaíba que fluía a incríveis 30 milhões de litros por segundo, de acordo com medições feitas pela UFRGS. É como se o volume de 12 piscinas olímpicas fosse despejado a cada segundo. Em comparação, a vazão normal costuma ficar entre 1 milhão e 2 milhões de litros por segundo.

Em poucas horas, o líquido encheu a Mauá e começou a subir rumo às quadras seguintes do Centro Histórico pelas vias transversais. Um dos primeiros efeitos da pressão irresistível foi entortar e romper a comporta de número 14, localizada na Avenida João Antônio Maciel, próximo ao acesso para a Sertório. Outros dois portões, o 11 e o 12, também situados na Zona Norte, eram monitorados devido ao risco de cederem em seguida.

Análises iniciais sobre o comportamento anômalo do lago durante o aguaceiro ajudam a entender por que a parte norte de Porto Alegre foi especialmente punida. A conclusão dos trabalhos é de que um volume tão extraordinário escoou em um período tão curto de tempo que fez o lago se inclinar de forma jamais vista.

Parcialmente represada, a água se acumulou em maior grau ao norte, em uma área que coincide com a região do Aeroporto Salgado Filho, e formou um grande desnível em relação à extremidade sul do manancial. O Guaíba, que em condições normais mantém uma leve declividade à medida que ruma em direção à Lagoa dos Patos, se transformou em uma espécie de "rampa" naquele período.

Uma nota técnica divulgada pelo IPH da UFRGS atesta que "a cheia de maio de 2024 se revelou como um evento sem precedentes, com comportamento até então desconhecido, com grande elevação de níveis em um curto intervalo de tempo (dois dias)". O texto estima que a declividade da linha d'água teria atingido uma variação de 15 centímetros de nível a cada quilômetro em razão disso, enquanto o normal seria da ordem de apenas 0,4 centímetro por quilômetro.

Um outro estudo preliminar realizado por cientistas da UFRGS e pela Portos RS conclui, com base em dados de campo e imagens de satélite, que teria se configurado um desnível de quase três metros entre os trechos norte e sul da orla porto-alegrense. Foi na Zona Norte, justamente, que a torrente se despejou com mais força.

Uma das possíveis explicações para esse fenômeno é que, no norte, a água vinda do Jacuí passa por um trecho mais "estrangulado", com margens mais próximas, enquanto ao sul dispõe de limites mais amplos por onde a enxurrada encontra mais facilidade para escoar. Por isso, bairros como Humaitá, Navegantes e Sarandi, localizados ao lado do "topo" da enchente na Capital, estiveram entre aqueles que primeiro receberam a inundação em suas ruas e por último se livraram dela.

A insuficiência dos diques foi outro fator determinante para a dimensão que a calamidade assumiu. O pesquisador do IPH Fernando Dornelles assegura que a linha de segurança foi sobrepujada de forma geral, e não por alguma fragilidade localizada:

— Nem sei se vale a pena se apegar ao número exato de pontos em que houve extravasamento ou rompimento, porque o nível superou a cota do dique, passou por cima dele de forma generalizada e, em alguns pontos, esse extravasamento erodiu e provocou rompimento.

Três barreiras reuniram grande parte dos problemas: uma contígua à zona residencial do Sarandi, junto ao arroio conhecido pelo mesmo nome do bairro, o cinturão em volta da Federação das Indústrias do Estado do Rio Grande do Sul (Fiergs), mais a Leste, e a Oeste, aquele onde fica a Vila Dique, próximo do aeroporto. Uma das constatações tardias é de que a altura dessas estruturas era irregular e, em certos pontos, quase dois metros abaixo do que o projeto elaborado ao final dos anos 1960 estipulava. A construção de moradias sobre e ao lado dessas elevações acelerou a deterioração. Um relatório elaborado por técnicos holandeses confirmaria essas constatações ao apontar "erros técnicos de desenho e execução" que levaram parte dos muros a ter somente 4,5m de altura quando deveriam ter 6 metros.

O amanhecer do dia 6 de maio já revelava a extensão da tragédia no Sarandi. Os primeiros raios do sol refletiram sobre grandes poças em pontos onde deveria haver apenas asfalto, como na esquina das avenidas Assis Brasil e Alcides Maia. Bombeiros e voluntários precisaram retirar famílias inteiras isoladas em suas próprias casas.

— Tem gente que não quer sair. Eu perdi tudo, consegui salvar meus filhos, eles são meus bens. Não dá mais pé, já cobre o primeiro andar — relatou a moradora Marília Santos, 36 anos, em entrevista à Rádio Gaúcha ao lado dos filhos de quatro, cinco e 11 anos, depois de ter esperado pelo salvamento a noite inteira sem dormir.

A correnteza era tão forte nas ruas próximas que somente embarcações motorizadas conseguiam singrar as vias do bairro convertidas em riachos. Em um intervalo de apenas uma hora e meia, mais uma quadra inteira era engolida. Levaria mais de um mês para a água sumir por completo das ruas.

Além das frestas no Muro da Mauá, a torrente escorria por dentro da canalização pluvial em diferentes pontos. Isso ocorreu porque, das 23 casas de bombeamento existentes, somente quatro delas permaneceram funcionando enquanto tudo ao redor afundava. O malogro do sistema foi agravado pela forma como foi projetado e mantido ao longo de décadas. Um dos pontos frágeis dessa estrutura é que ela depende do fornecimento convencional de energia elétrica para seguir em operação.

Onde a luz cai ou é intencionalmente desligada — como em situações de alagamento, para evitar choques —, as bombas não contam com alimentação alternativa. Outro problema é que os conjuntos formados por motores e painéis eletrônicos não foram instalados acima da cota de seis metros de inundação, ou seja, na prática, estragam ou precisam ser desligados para evitar a perda total dos aparelhos mesmo diante de níveis inferiores à cota máxima de segurança projetada pelos técnicos décadas atrás.

Somente no começo de setembro um estudo realizado pelo Serviço Geológico do Brasil (SGB) determinou o nível a que o Guaíba chegou na zona mais central de Porto Alegre: 5m37cm. A demora até essa definição ocorreu porque a régua localizada no Cais Mauá, pela qual se media e comparava cada cota com outros extremos históricos a exemplo de 1941, quando apontou 4m76cm, foi levada de arrasto pela enxurrada e precisou ser substituída.

Por razões de segurança, uma nova régua foi implantada junto ao Gasômetro, a cerca de 2,5 quilômetros de distância e, devido à intensa inclinação que o Guaíba apresentou naquele período, demonstrou disparidades em relação à série histórica anterior — ou seja, não estava calibrada exatamente no mesmo patamar do instrumento de medição utilizado até então. Por esse motivo, o ponto máximo de 5m35cm verificado no dia 5 de maio ainda não podia ser incluído oficialmente na mesma tabela dos eventos anteriores e teve de aguardar a conclusão das análises científicas posteriores.

As maiores cheias do Guaíba
1873 — 3m50cm
1914 — 2m60cm
1928 — 3m20cm
1936 — 3m22cm
1941 — 4m76cm
1967 — 3m13cm
1984 — 2m60cm
2015 — 2m94cm
2016 — 2m65cm
2023 — 3m18cm (27 de setembro)
2023 — 3m46cm (21 de novembro)
2024 — 5m37cm

ANATOMIA DO FRACASSO: POR QUE O PODER PÚBLICO FALHOU

Como toda catástrofe de grandes proporções, o terror testemunhado em Porto Alegre só pode ser explicado pelo encadeamento de múltiplas falhas e omissões. Diferentes gestões e esferas de governo, desde décadas atrás até as primeiras gotas de chuva tocarem o solo gaúcho no final de abril de 2024, permitiram que se criasse um cenário suscetível ao horror precipitado pelas mudanças climáticas, mas agravado pela insuficiência das medidas preventivas.

A chuva outonal foi potencializada ao se despejar sobre um estado com perda crônica de vegetação nativa, o que multiplicou a violência com que escorreu pelos vales em direção à Região Metropolitana. Já na Capital, após se avolumar, o caudal superou barreiras de segurança fragilizadas por limitações estruturais jamais corrigidas e por deficiências de manutenção. O órgão municipal responsável desde os anos 1970 por gerir essa rede intrincada de diques, bombas e comportas, após uma série de denúncias de má gestão e corrupção surgidas em 2016, nem existia mais como entidade autônoma. Ao final, a crise revelou a falta de aplicação adequada de planos de contingência exigidos por lei em Porto Alegre e em muitos outros municípios localizados no percurso da torrente mortífera.

Os estragos e as mortes contados a partir do final de abril acenderam desde cedo um debate nacional sobre a conservação da vegetação nativa no Rio Grande do Sul. Um dos fronts dessa discussão envolveu os possíveis riscos à natureza trazidos pela reformulação do Código Estadual do Meio Ambiente promovida na gestão do governador Eduardo Leite (PSDB), em 2020.

Ambientalistas organizados em movimentos como a Associação Gaúcha de Proteção ao Ambiente Natural (Agapan) sustentaram que mudanças no texto produziram flexibilizações perigosas. Entre elas, a possibilidade de autolicenciamento para empreendimentos, supostamente, de menor impacto. O governo estadual garante que a medida só alcança iniciativas de baixo risco, o que é questionado pelos opositores da nova lei. Um manifesto da Agapan divulgado em 24 de maio afirma que "o autolicenciamento não é só para projetos de baixo impacto, é para médio também. A definição feita pelo Consema *(Conselho Estadual do Meio Ambiente)* considera alguns empreendimentos de alto impacto como sendo de baixo impacto."

O Partido Verde, expressando outra preocupação compartilhada entre ecologistas, entrou com uma ação de inconstitucionalidade no Supremo Tribunal Federal (STF) para reverter pontos da legislação. A legenda entende que alterações introduzidas posteriormente pela Lei 16.111/2024 para permitir a construção de reservatórios em Áreas de Preservação Permanente (APPs), admitindo supressão de vegetação nativa, caracterizariam um retrocesso e violariam a Constituição. Até o começo de setembro, o processo seguia tramitando no STF.

Leite argumenta que todas as revisões buscaram apenas adequar a norma estadual à legislação federal vigente.

— As alterações que fizemos de maneira alguma fragilizam a legislação ambiental. Tanto é que boa parte dos ataques feitos diz que mudamos 400 artigos, mas não diz onde houve a fragilização. Isso ninguém traz objetivamente para mim — pontuou o governador em entrevista concedida no dia 19 de agosto.

No momento em que boa parte do território gaúcho começou a submergir, o Palácio Piratini já se via desgastado por outros debates em curso como o das finanças públicas. Por falta de apoio, em seis meses, o governo do estado fora obrigado a retirar pela segunda vez da

Assembleia Legislativa um projeto que previa aumento na alíquota do ICMS e enfrentava críticas de vários setores empresariais, que constituíram importante grupo de suporte à eleição do governador, devido ao fim de incentivos fiscais no estado.

Também havia pressão de servidores, principalmente da área da segurança pública, por reajustes salariais. Na saúde, um grupo relevante de instituições que prestavam serviços pelo IPE Saúde, instituto de assistência aos servidores públicos do Rio Grande do Sul, suspendera atendimentos por questionar novas tabelas de remuneração.

Sob um cenário ainda mais espinhoso após o início das chuvas, em uma entrevista coletiva concedida no dia 5 de maio, Leite procurou evitar responsabilizações pela catástrofe em uma declaração que acabou ganhando repercussão nacional. A justificativa era de que, no auge da crise, o importante era salvar vidas.

— Não é hora de procurar culpados. Não é hora de transferir responsabilidades. Vamos ter de trabalhar à altura do que o momento histórico exige — argumentou o governador.

No final do mês, o prefeito da Capital, Sebastião Melo, diria algo semelhante em entrevista ao jornal O Globo:

— Penso que agora não é a hora de buscar culpados, mas a autocrítica deve ser minha e dos presidentes, governadores e gestores que nos antecederam. Vi manifestações de ex-prefeitos e não vou aceitar provocações. Estamos no meio de uma tragédia e eles estão preocupados com eleição — declarou Melo, relacionando as críticas que vinha recebendo a supostos interesses políticos de adversários tendo em vista as eleições municipais que ocorreriam em outubro.

Como resposta à tragédia ambiental, e em meio a suas próprias tempestades políticas, no dia 17 de maio o governo estadual anunciou o Plano Rio Grande com uma série de medidas sociais, de restabelecimento de serviços e de reconstrução da infraestrutura pública como estradas, escolas e unidades de saúde. Até o começo de setembro, o governo gaúcho havia desembolsado pouco mais de R$ 2 bilhões de R$ 3,6 bilhões prometidos para ações de recuperação. Já o ministério criado pelo Planalto para coordenar as ações federais, capitaneado pelo gaúcho Paulo Pimenta até sua extinção, em 11 de setembro, havia aplicado perto de R$ 40 bilhões de R$ 97,8 bilhões previstos.

Em outra frente destinada a pacificar as críticas, inclusive de fora do estado, o governador realizou uma reunião com representantes da Agapan no dia 8 de junho a fim de discutir a nova lei ambiental. O presidente da ONG, Heverton Lacerda, afirma que, após esse encontro inicial, uma segunda rodada de diálogo seria realizada para detalhar os elementos controversos.

— Encontramos o governador para entender melhor o que queria conosco. Há um número muito relevante de artigos *(da legislação)* que consideramos muito preocupantes. Ficamos de entregar um material detalhando que pontos são esses. Houve uma desconfiguração do código, que preocupa — explica Lacerda.

Um dos itens que já constava em um documento prévio da Agapan aborda justamente o temor de perda de vegetação nativa nas APPs. Uma manifestação da Advocacia-Geral da União (AGU) encaminhada em junho ao STF deu parecer favorável à inconstitucionalidade de dois itens do novo código gaúcho que consideram iniciativas de irrigação em áreas de preservação como de interesse público ou social. A AGU entendeu que o governo estadual invadiu a competência do Congresso Nacional para "legislar sobre regras ambientais gerais", enquanto a gestão Leite reafirma que as alterações são legais e buscam reforçar o combate às estiagens.

A despeito da polêmica, os números disponibilizados pela ciência comprovam que o Rio Grande do Sul enfrenta um processo de fragilização ambiental iniciado décadas atrás e ainda em andamento. Ou seja, nem a legislação anterior nem a atual foram capazes de equacionar de forma ideal o desenvolvimento econômico e social com a manutenção do verde.

O mais recente levantamento realizado pela organização MapBiomas, que reúne pesquisadores de todo o país para monitorar a preservação natural, revela que os gaúchos perderam 26% de sua vegetação nativa entre 1985 e 2023. Nesse período, 4,1 milhões de hectares foram suprimidos – área equivalente a 5,8 milhões de campos de futebol.

— Sabe-se que a vegetação nativa exerce funções ecológicas extremamente importantes. Entre elas estão o aumento da infiltração da água no solo e o controle da erosão. Portanto, uma das medidas prioritárias de adaptação às mudanças climáticas, de modo a prevenir parte dos efeitos indesejados das enchentes, como as que ocorreram em 2023 e 2024 no Rio Grande do Sul, deve ser a conservação e a restauração da vegetação nativa em todas as regiões hidrográficas, bacias e microbacias. Em especial, naquelas onde já sabemos que as perdas passaram dos limites aceitáveis. As soluções baseadas na natureza não podem ser negligenciadas no rol de ações que temos pela frente para poder enfrentar os futuros eventos catastróficos que estão por vir — sustenta o pesquisador do MapBiomas Eduardo Vélez.

Especificamente na Região Hidrográfica do Guaíba, por onde correm todos os rios que deságuam em Porto Alegre, a perda de vegetação original foi levemente pior. O levantamento realizado com auxílio de satélite mostra que o recuo foi de 27%, com uma perda de 1,5 milhão de hectares desde 1985.

A Secretaria Estadual do Meio Ambiente e Infraestrutura (Sema) sustenta que o desmatamento teve um recuo de 55% em 2023 em comparação ao ano anterior. A titular da pasta, Marjorie Kauffmann, afirma que essa diminuição de velocidade se deve a "políticas públicas implementadas pelo Estado por meio da Sema, dentro da agenda ProClima 2050, e ações de controle executadas pela Fundação Estadual de Proteção Ambiental (Fepam)", conforme nota divulgada no final de maio.

A controvérsia ganhou força impulsionada também pelo histórico de mobilização social envolvendo causas pró-natureza no Rio Grande do Sul – estado considerado berço do ambientalismo brasileiro. Nos estertores da ditadura, uma geração de ouro da ecologia teve origem a partir do trabalho do agrônomo José Lutzenberger, de Augusto Carneiro (um dos fundadores da Agapan ao lado de Lutzenberger) e de Magda Renner, que liderava a Ação Democrática Feminina Gaúcha (ADFG).

Como o regime coibia manifestações políticas, a causa ecológica amalgamava queixas embrulhadas em "papel cor-de-rosa", nas palavras de Magda, conseguindo resultados importantes como a defesa das ilhas do Guaíba, que resultou na criação do Parque Estadual do Delta do Jacuí, em 1976. Eram tempos em que ativistas subiam em árvores para evitar cortes, distribuíam panfletos contra a poluição produzida pela fábrica de celulose Borregaard, na margem oposta de Porto Alegre, no município de Guaíba, e se articulavam com outras entidades nacionais em episódios como o da célebre "maré vermelha", fenômeno que espalhou medo e mistério na praia de Hermenegildo, no Litoral Sul.

Na virada de março para abril de 1978, uma nuvem tóxica com cheiro de amoníaco matou animais e provocou dores de garganta nos moradores. A causa do desastre ecológico, segundo os documentos oficiais da época, seria a proliferação excessiva de algas chamadas dinoflagelados que, quando morrem, liberam uma substância tóxica.

Mas ainda antes disso, em março de 1974, abismado com as cheias históricas daquele ano no estado e observando o desaguar "vermelho como tijolo novo" do Mampituba, rio que serve de divisa natural entre o Rio Grande do Sul e Santa Catarina, Lutz escreveu um artigo publicado no livro *Manual de Ecologia — do Jardim ao Poder* (L&PM Editores). A leitura revela a impressionante atualidade das reflexões e da crítica à interferência humana na erosão das margens dos rios.

O texto diz: "Um bosque intacto é um perfeito regulador do movimento das águas. A folhagem das árvores e do sub-bosque, das ervas e samambaias, o próprio musgo e os detritos que cobrem o chão freiam a violência do impacto das gotas da chuva. No bosque são não há solo nu. A capa de restos vegetais em decomposição é um cosmos de vida variada e complexa, com vermes, moluscos, escaravelhos e outros insetos, centopeias e miriápodes, aranhas e ácaros, pequenos batráquios e répteis e até mamíferos. A complementar o contínuo trabalho de desmonte, há os fungos e as bactérias, que mineralizam o material, devolvendo ao solo os elementos nutritivos que as plantas dele retiraram. Fecha-se assim um dos importantes ciclos vitais do sistema de suporte da vida do planeta."

Quase meio século após a publicação do livro de Lutzenberger e dos alertas ignorados pelas gerações seguintes, o aguaceiro atingiu uma Capital que acreditava ter um sistema eficiente de proteção contra

Água invade corredor central da Casa de Cultura Mario Quintana, no Centro. 4 de maio. Foto: Marcelo Gonzatto.

Área do Cais Mauá coberta pela enchente, no Centro Histórico. 3 de maio. Foto: André Ávila.

Vista aérea do Centro Histórico coberto pela água do Guaíba, 6 de maio. Foto: Duda Fortes.

Vista da Rua General Canabarro tomada pela água, que se aproximava da esquina com a Rua da Praia, no Centro Histórico. 4 de maio. Foto: Marcelo Gonzatto.

Sobreviventes chegam a ponto de desembarque na Usina do Gasômetro, na região central. 7 de maio. Foto: André Ávila.

De caiaque, voluntários levam alimentos a pessoas ilhadas no centro da Capital. 5 de maio. Foto: Mateus Bruxel.

Ponto da Usina do Gasômetro onde desabrigados desembarcavam, com o Centro Histórico inundado ao fundo. 6 de maio. Foto: Duda Fortes.

Praça da Alfândega submersa, no trecho entre o Museu de Arte e o Memorial do Rio Grande do Sul, com o pórtico central do Cais Mauá ao fundo. 20 de maio. Foto: André Malinoski.

Aeroporto Salgado Filho alagado durante a enchente. 18 de maio. Foto: Camila Hermes.

O caminho para ajuda humanitária, construído para ligar a Avenida Castelo Branco com a elevada da Conceição, na entrada de Porto Alegre, foi liberado para uso no dia 10 de maio. Na foto, a madrugada, horas antes da demolição da passarela. 10 de maio. Foto: Rodrigo Lopes.

Bote passa diante do Mercado Público, um dos símbolos da Capital, tomado pela enchente. 6 de maio. Foto: André Ávila.

Contenção com sacos de areia não resiste ao poder da água na principal comporta do Cais Mauá. 3 de maio. Foto: André Malinoski.

Cão é resgatado da enchente na área da antiga fábrica da Neugebauer, na Zona Norte. 16 de maio. Foto: André Ávila.

Policiais em embarcação patrulham vias alagadas pe Viaduto José Eduardo Utzig, na Zona Norte de Porto A 18 de maio. Foto: Camila He

Resgatistas em ação ao lado da Usina do Gasômetro. Centenas de pessoas foram salvas da região das ilhas durante a enchente. 4 de maio. Foto: André Malinoski.

...alo Caramelo, símbolo da resistência gaúcha, ...ecupera após ser resgatado do topo de telhado ... Canoas, na Região Metropolitana. ...e junho. Foto: Duda Fortes.

Vista aérea da Avenida Farrapos alagada, na Zona Norte, 14 de maio. Foto: Jefferson Botega.

cheias, mas descobriu da pior forma que os mecanismos que deveriam salvá-la dos extremos climáticos, na verdade, tinham problemas de planejamento e manutenção ignorados por sucessivas gestões municipais. O órgão da prefeitura que respondia pela gestão desse complexo de segurança, em outra iniciativa envolta em polêmica, deixou de existir de forma autônoma poucos anos antes da enxurrada chegar.

Na tarde de 12 de julho de 2017, a Câmara Municipal aprovou, por 27 votos a seis, o Projeto de Lei Complementar (PLC) 005-017, de autoria do Executivo, que reestruturou a administração municipal. Entre os órgãos extintos estava o Departamento de Esgotos Pluviais (DEP).

Criada oficialmente em 17 de julho de 1973 para planejar, construir e conservar as redes de drenagem urbana, foi uma das primeiras estruturas governamentais destinadas a essa finalidade no Brasil. Na prática, no entanto, só veio a controlar totalmente o sistema de defesa da metrópole contra alagamentos em 1990, quando o governo federal extinguiu o Departamento Nacional de Obras e Saneamento (DNOS), até então responsável pelo combate às inundações.

As atribuições do órgão municipal incluíam controlar a rede de esgoto pluvial, zelar pela situação dos arroios, dos diques e das casas de bombas. O antigo site da prefeitura estabelecia como "missão" do DEP "promover a manutenção e ampliação dos sistemas de drenagem pluvial, tendo o cidadão e a sociedade em geral como parceiros na preservação do ambiente e na conservação dos equipamentos de drenagem, melhorando assim a qualidade de vida e contribuindo decisivamente para o desenvolvimento da cidade de Porto Alegre".

Havia alguns anos, porém, o DEP não cumpria na íntegra seu próprio adágio. Em julho de 2016, uma série de reportagens da jornalista Adriana Irion, do jornal Zero Hora, revelou como uma empresa contratada para limpar equipamentos instalados nas vias para captar água da chuva e reduzir alagamentos era paga por serviços não realizados. "Empresa responsável pela manutenção de equipamentos de drenagem cobrou por 229 limpezas em uma rua com apenas três unidades", dizia uma das matérias, escancarando uma cobrança 76 vezes acima do que era devido de fato.

O DEP também havia pago R$ 9,1 milhões, segundo a apuração jornalística, por uma casa de bombas que não pôde operar na Vila Minuano, no Sarandi, porque a estrutura tinha problemas de execução. Cobranças superfaturadas e falta de fiscalização por parte do DEP, que não controlava os serviços, levaram à demissão da direção e à abertura de investigações pela Polícia Civil e pelo Ministério Público, com desdobramentos na Justiça.

A prefeitura, então sob gestão de José Fortunati (à época no PDT), abriu sindicâncias internas para averiguar as denúncias. No ano seguinte, o departamento se viu envolvido em outros escândalos de lavagem de dinheiro e organização criminosa, investigados pelo MP.

Tudo isso resultava em uma nuvem de suspeitas sobre o DEP e amparava o projeto encaminhado pelo prefeito que assumira em 1º de janeiro de 2017, Nelson Marchezan Júnior (PSDB), de extinguir o departamento sob argumento de buscar maior transparência e eficiência. A proposta foi agrupada no bojo de uma proposta de "reorganização da administração pública municipal" prevista na Lei Complementar número 810, de 2017.

Como justificativa, o prefeito afirmava que o projeto visava "propiciar a preservação e a observância do princípio de que o município é o espaço em que a comunidade vive e onde deve exercer os seus mais importantes direitos fundamentais, como os de ir e vir, residir, trabalhar, ter acesso à saúde, à educação, aos transportes, ao lazer, dentre outros". Seguia: "cabe à administração pública municipal propiciá-los da melhor forma possível, devendo ser empreendidos todos os esforços no sentido de otimizar a utilização dos recursos públicos empregados na prestação dos serviços e atividades devidos, direta ou indiretamente, à população, bem como racionalizando os meios e instrumentos para fazê-lo". O projeto foi encaminhado à Câmara de Vereadores pelo Executivo em 22 de maio de 2017.

Aquela sessão tinha galerias da Câmara barulhentas, com servidores com faixas, mas não completamente cheias. O ponto mais polêmico nem foi o DEP. O que causava furor era a extinção da Secretaria Municipal de Esportes, Recreação e Lazer (SME). Por meio de uma mensagem retificativa do prefeito Nelson Marchezan Jr., o termo "esporte" foi colocado no nome da Secretaria de Desenvolvimento Social, que passou a ser responsável pela área. A oposição, integrada por partidos de esquerda, como o PT, via perda de autonomia, agilidade e identidade.

As atribuições do DEP, pelo PLC, passariam a ser executadas por duas outras secretarias: obras e projetos de engenharia referentes a esgoto pluvial ficariam a cargo da Secretaria Municipal de Infraestrutura e Mobilidade Urbana (Smim); e execução e conservação de resíduos, sob responsabilidade da Secretaria Municipal de Serviços Urbanos (SMSUrb).

Em 26 de abril de 2019, Marchezan assinou o convênio de integração operacional da Coordenação de Águas Pluviais (antigo DEP) ao Dmae. Houve a cedência para o departamento de cerca de 80 servidores do CAP (antigo DEP). Marchezan defende a tomada de decisão à época.

— Quando foi criada a estrutura, era tudo a mesma coisa. Tiraram o DEP para cuidar das estruturas do DNOS. Defender um projeto de 50, 60 anos atrás e *(dizer)* que é bom e que deve continuar como está, apenas com mais recursos, é de uma negação científica e de um desrespeito com a evolução da engenharia mundial e local inacreditáveis. O sistema é velho, falho e inadequado — pontua.

Em setembro de 2024, depois da enchente, questionado sobre a redução de autonomia do departamento, ele afirmou:

— Quando se tirou o DEP, a gente não retirou o cérebro das pessoas, a gente não mandou as pessoas embora do serviço público, a gente não botou eles a dar aula em uma escola. As estruturas continuaram, só que em vez de duas pessoas assinarem, o que gerava aquela corrupção descontrolada, a gente as botou dentro de uma estrutura de governança, de acompanhamento, de fiscalização da entrega. Não é que o DEP tenha deixado de existir. Ele foi para dentro do Dmae e simplesmente como um órgão interno. Não reduziu o número de pessoas. Ele se somou ao Dmae.

A extinção do departamento foi tema de debates políticos acirrados a partir da tragédia de 2024. Na metade de maio, um manifesto assinado por cerca de 40 ex-diretores do DEP, do Dmae, especialistas e pesquisadores foi divulgado com sugestões para melhorar o sistema de proteção contra inundações. Segundo o grupo, o aparato não funcionou adequadamente em razão da falta de manutenção permanente. Na parte emergencial, sugeriam ações como vedação de comportas, uso de mergulhadores e de bombas volantes para tentar drenagem de pontos alagados. Postulavam como urgente "recriar estrutura de primeiro escalão, ou DEP ou semelhante, para dar prioridade à atividade".

O histórico conturbado do DEP ilustra uma tradição de descuido da gestão pública com o complexo de proteção contra as enchentes. Ao longo de décadas, nenhuma administração atentou para o fato de que parte dos diques internos não tinha a altura que deveria, ou agiu para sanar limitações estruturais como a instalação das casas de bombas em cotas abaixo do patamar de segurança contra cheias de seis metros. Tampouco providenciou fontes alternativas de alimentação elétrica para manter os motores funcionando caso a rede geral fosse desligada. Todas essas fragilidades ampliaram o impacto do aguaceiro em 2024.

Uma das formas de sanar esses problemas seria a correta aplicação de um plano de contingência, que foi criado em 2022 pela prefeitura da Capital, na gestão de Sebastião Melo (MDB), mas jamais colocado em prática de forma ideal.

A Lei Federal 12.983, que regulamenta a formatação desses protocolos obrigatórios em municípios que contenham áreas de risco hidrológico ou geológico, estabelece que eles devem prever a organização de "exercícios simulados, a serem realizados com a participação da população". Esse tipo de ação, considerada um dos pilares dos sistemas de proteção civil em outros países, costuma ser ignorado no Rio Grande do Sul como um todo — onde pelo menos 330 cidades contavam com um manual deste tipo até o meio do ano.

O artigo 3º do decreto que instituiu a norma porto-alegrense estabelece que ela deve ser atualizada e validada anualmente por meio de exercícios simulados. Conforme a Defesa Civil municipal, desde a aprovação até junho de 2024 foi realizada uma simulação de acidente com derramamento de óleo, outra de incêndio em hospital e uma de deslizamento por excesso de chuva. Não houve exercícios envolvendo inundação, nem por parte da Defesa Civil nem do Dmae. A prefeitura argumenta que agentes do município, sob a gestão Melo, foram treinados para promover resgates em enxurradas e cheias.

Mas os planos, para serem efetivos, exigem mais empenho do que isso. Os testes previstos servem para instruir os moradores sobre como reagir em situações de perigo, preparar as forças de atendimento e verificar se a infraestrutura de segurança, que pode ser integrada por sistemas de alerta, obras de contenção, diques, comportas e estações de bombeamento, é capaz de proteger uma cidade de fato. Ou seja, se houvesse sido realizada uma simulação minuciosa como se faz em países como o Japão, o exercício deveria ter apontado as falhas que precisavam ser corrigidas com urgência.

— Certamente, se não houvesse negligência histórica com o sistema de proteção, a gravidade da cheia teria sido menor em Porto Alegre. Faltou por muitas décadas manutenção no sistema. Não me refiro apenas a reparos, mas sim manutenção no sentido literal da palavra, que é o cuidado com vistas à conservação e bom funcionamento. Vãos em comportas, diques abaixo da cota adequada, comportas com falta de capacidade de aguentar a pressão da água e válvulas em casas de bomba que permitiram o refluxo *(de água do Guaíba)* teriam sido identificadas em processos de vistoria e revisão periódica — analisa o hidrólogo do IPH Fernando Fan.

Segundo o pesquisador, uma forma de fazer essa manutenção seria justamente realizar simulações dos mecanismos de proteção:

— Qual é a cota de evacuação das edificações no centro de Porto Alegre? E na Zona Norte? Esta pergunta não tinha resposta durante a crise de 2024, mas tanto a pergunta quanto a resposta teriam surgido em procedimentos de simulação e testagem envolvendo todos os atores da cadeia de proteção. Planos de ação mais eficientes teriam sido elaborados, que teriam otimizado, por exemplo, as tentativas de usos de reforços nas estruturas. Mesmo se não houvesse mudanças radicais no formato construído do sistema, o olhar mais atento sobre ele teria permitido o bom mapeamento das suas fragilidades, de onde o problema iria aparecer primeiro e onde a mitigação seria prioritária durante uma crise.

Uma reportagem publicada pelo Grupo de Investigação (GDI) da RBS em 20 de maio apontou que engenheiros da prefeitura alertaram sobre deficiências em casas de bombas da Capital em 2018 e em 2023. As medidas indicadas para tentar minimizar a possibilidade de extravasamento de água em caso de alta do Guaíba nunca foram adotadas. O relatório técnico alertava sobre "a necessidade urgente de resolução da demanda apresentada neste expediente, ou seja, elevação das paredes do poço de descarga das Ebaps *(estações de bombeamento de água pluvial)* 17 e 18, sendo recomendado a priorização, em relação a outras demandas de projeto, tendo em vista o alto potencial de prejuízo para a cidade".

O texto dos engenheiros continua: "Na Ebap 13, há duas janelas de inspeção no poço de descarga, dentro da sala de bombas, nestes pontos foi constatado grande vazamento durante o acionamento das bombas no dia 21/11/2023. Nova elevação do Guaíba acima de 3,4m causará o problema observado novamente, podendo até, dependendo do nível que o Guaíba atingir, inviabilizar o funcionamento da Ebap 13".

Conforme os documentos do processo, a falta de reparos nas estações 17 e 18 poderia causar alagamentos entre a Usina do Gasômetro e a Estação Rodoviária. Já a estação 13 abrange a região das avenidas José de Alencar, Ipiranga, Erico Verissimo e Edvaldo Pereira Paiva. A prefeitura determinou a abertura de uma investigação sobre a falta de ações corretivas, mas o prefeito Sebastião Melo argumenta que os eventuais problemas nas Ebaps não explicam a dimensão da cheia na Capital.

— Casa de bomba não é proteção contra cheia, é para quando cai um temporal na cidade. Aí ela funciona e tira a água do temporal e bota dentro do rio. Então, as casas de bombas foram invadidas *(durante a inundação)* como todas as casas foram invadidas, as empresas foram invadidas — justifica o prefeito.

Ainda que a destinação original das Ebaps seja, de fato, proteger o município do acúmulo de chuva, foi a religação dessas unidades que ajudou a aliviar o nível da água em bairros como Menino Deus e Cidade

Baixa. Além disso, depois da crise, a prefeitura manteve geradores acoplados a nove das 23 estruturas da Capital para reforçar o nível de segurança das operações.

A falta de uma correta aplicação dos planos de contingência não é exclusividade de Porto Alegre. Em Canoas, município da Região Metropolitana onde morreram pelo menos 25 pessoas em maio, também conta com um documento desse tipo e não realizou recentemente qualquer exercício de emergência envolvendo a população de áreas de risco, como aquelas próximas aos diques — as zonas mais castigadas em 2024. O secretário-chefe do Escritório de Resiliência Climática e de Defesa Civil (Eclima) da cidade e ex-prefeito de Porto Alegre, José Fortunati, prometeu melhorias após a tragédia:

— Estivemos com o pessoal da Defesa Civil de Niterói *(RJ)* e estamos discutindo com eles o sistema de alarme usado lá. Estudamos também como é uma cidade protegida por diques, como Amsterdã *(Holanda)*. Agora é um novo momento, e vamos construir com celeridade um plano de contingência e resiliência baseado nessa história.

Com seu município atingido três vezes pela cheia do Rio Taquari desde setembro, o prefeito de Roca Sales, Amilton Fontana, admite dificuldades para colocar em ação o que está no papel.

— A gente até tem um plano de contingência, só que temos tanta demanda que não conseguimos colocar muita coisa em prática, fazer treinamento. No momento, estamos focados em planejar e fazer projetos para poder buscar recursos — argumenta Fontana.

O professor Fernando Dornelles, do IPH da UFRGS, alerta que o poder público deveria ter dado atenção especial às comportas, embora Sebastião Melo argumente que a cheia sobrepujou o sistema como um todo – incluindo os diques externos e internos.

— Foi coisa simples que falhou, investimentos diminutos. Porto Alegre inundou por falta de parafuso e borracha — avalia Dornelles.

O pesquisador costuma visitar anualmente áreas como o Muro da Mauá como parte de uma das disciplinas que ministra na universidade.

— No armazém principal, sempre olhava aquela comporta e via aquela fresta ali. Ficava pensando: "Quando o Guaíba começar a subir de verdade, devem ter em algum lugar esse aparato de vedação e vão fixar. Não aconteceu."

Entre a enxurrada de setembro de 2023, quando municípios como Muçum, Roca Sales e outros do Vale do Taquari foram duramente castigados, e maio de 2024, os efeitos das mudanças climáticas aliados à ação — ou inação — humana, já haviam sido tema de debates na arena internacional com atenção especial ao Rio Grande do Sul.

Em novembro, teve início a Conferência das Partes da Convenção-Quadro das Nações Unidas sobre Mudanças Climáticas (COP28) em Dubai, nos Emirados Árabes Unidos. O governo federal buscou marcar diferença, na vitrine global, em relação ao negacionismo ambiental que caracterizara o mandato de Jair Bolsonaro: enviou a maior delegação de representantes da história e montou três estandes no Expocity Dubai.

Pela primeira vez como novo mandatário, o presidente Luiz Inácio Lula da Silva buscou apresentar, entre outras iniciativas, um projeto de transformar pastagens degradadas em lavouras. O modelo desenhado era que produtores interessados em comprar ou arrendar terras usadas para pecuária bovina com baixa produtividade tivessem acesso a financiamento com juro baixo em troca de melhorias e investimento para produção de alimentos.

Não foi, no entanto, um passeio no deserto. Lula foi cobrado por sua intenção de levar adiante a possibilidade de explorar combustíveis fósseis na chamada Margem Equatorial, que abrange a Bacia da Foz do Amazonas, pela retirada de poder da ministra Marina Silva e devido ao esvaziamento do Ministério do Meio Ambiente e Mudança do Clima. Dias antes de desembarcar em Dubai, ainda anunciou o ingresso do Brasil no grupo expandido da Organização dos Países Exportadores de Petróleo, a OPEP+.

Se aos olhos dos brasileiros a entrada do país em um time de nações exportadoras de petróleo soava como incoerência de um presidente que bradava, no discurso de abertura da conferência, uma economia menos dependente de combustíveis fósseis, entre os gaúchos outra frase solta proferida por Lula causava mais surpresa. Ao falar diante de 140 organizações da sociedade civil, no sábado, 2 de dezembro, na arena Action Lab Al Shaheen, durante a COP, o presidente disse ter "descoberto" que o Pampa é um bioma.

— Pela primeira vez, eu fiz com a Marina uma reunião sobre os biomas nossos. Descobri até que o Pampa é um bioma, eu nunca tinha tratado o Pampa como bioma — afirmou.

O presidente comentava sobre o programa do governo federal lançado no mês anterior, cuja intenção era recuperar 40 milhões de hectares de terras degradadas. Coubera a um gaúcho de Júlio de Castilhos, no Planalto Médio do estado, apresentar a Lula o Pampa como bioma. Em 22 de novembro, nas reuniões preparatórias para a COP, Rodrigo Dutra, 45 anos, zootecnista, analista ambiental do Instituto Brasileiro do Meio Ambiente e dos Recursos Naturais Renováveis (Obama) havia 20 anos, participou de um encontro no Palácio do Planalto, em Brasília. Ele fora destacado para explicar aos presentes, entre eles Lula, sobre a importância do bioma, que é basicamente campestre. Apontou, naquele dia, que o Pampa tem uma biodiversidade tão rica quanto as florestas e alertou que a área estava sendo substituída pela agricultura, com destruição de campos para plantio de soja e eucalipto.

— Estima-se em mais de 100 mil hectares por ano, isso é um rito maior de supressão do que a Amazônia e o Cerrado. É o bioma que está mais perdendo vegetação nativa do Brasil hoje. Ao mesmo tempo, é o que tem menos unidades de conservação — destacou Dutra.

O alerta chamou a atenção de Lula e Marina. Ao final daquela reunião, o presidente admitiu não saber que o Pampa é um bioma. Marina, segundo Rodrigo, afirmou tê-lo avisado várias vezes.

No Brasil, o bioma Pampa só existe no Rio Grande do Sul, onde está presente em 68% do território. Estende-se por áreas do Uruguai, da Argentina e do Paraguai. Abaixo de sua superfície está localizado o aquífero guarani, imensa reserva de água doce que abrange os territórios dos quatro países.

Os governos do estado e da prefeitura de Porto Alegre também tiveram ampla participação na COP28. O Piratini apresentou um plano de investimentos na governança climática, além de um inventário de emissões de gases do efeito estufa, análise de risco e vulnerabilidade climática, descarbonização de cadeias produtivas, entre outras iniciativas.

Por parte do município, a Secretaria do Meio Ambiente, Urbanismo e Sustentabilidade (Smamus) divulgou projetos de compra de novos equipamentos para medir a concentração de poluentes atmosféricos e parâmetros meteorológicos. Dois estudos foram apresentados: de risco e vulnerabilidades; e sobre questões hídricas. A consultoria técnica formada pela WayCarbon, em consórcio com o Iclei América do Sul, entregou o resultado de levantamentos contratados pelo Executivo. O estudo tomava como base a análise da série histórica registrada entre 1995 e 2014.

Um dos itens das ameaças climáticas a que a capital do Rio Grande do Sul estaria vulnerável, entre 2030 e 2050, era: "inundação fluvial". Porto Alegre começou a submergir em 3 de maio de 2024, seis anos antes da previsão.

QUANDO
OS DIQUES ROMPEM

Na madrugada do dia 4 de maio, enquanto o Centro Histórico sucumbe, Vilmar Salazar não consegue dormir. Está a mais de 20 quilômetros dos mais tradicionais pontos turísticos que, àquela altura, eram engolfados. Ainda assim, na Vila Elizabeth, no bairro Sarandi, o segundo mais populoso de Porto Alegre, com pouco mais de 90 mil habitantes, o aposentado está de olho nas notícias: a preocupação não é o Guaíba, mas o Rio Gravataí, um de seus afluentes.

Localizado na Zona Norte, o Sarandi facilita a ligação com as mais conhecidas praias gaúchas, Tramandaí, Capão da Canoa e Torres, e com parte importante da Região Metropolitana, como Canoas, Cachoeirinha e Alvorada. É uma das saídas alternativas da Capital, que, naquele fim de semana, se fecharia.

Em tempos remotos, o território que hoje compreende o bairro estava situado na sesmaria doada a Jerônimo de Ornellas e Menezes. No século XIX, as imediações do arroio Sarandi foram ocupadas por chácaras e estâncias de criação de gado. Na virada para o século XX, a povoação se intensificou e surgiram também plantações de arroz. O saneamento teve início depois de 1945, com o prefeito Ildo Meneghetti. Surgiu, em 1952, a Vila Leão. Nos anos 1950, a prefeitura e empresas empreenderam planos de loteamento no bairro, sendo instaladas as Vilas Parque, Minuano e Elizabeth, onde mora Vilmar.

Embora apinhado de casas, pequenos comércios e grandes indústrias, o território nunca deixou de ser uma extensão da chamada Várzea do Gravataí. Uma das definições de várzea é "terreno plano e fértil na margem de um rio". Em geral, compreende áreas suscetíveis a alagamentos. No caso do Sarandi, há ainda vários arroios que penetram, do Gravataí, para o interior da área urbana.

A infraestrutura de proteção anticheia do bairro é parte do sistema de defesa muito mais abrangente. A ameaça constante fez com que, ao longo dos anos, recebesse cerca de 11 quilômetros de diques e quatro casas de bombas, o maior número para um único bairro, espalhados pelas comunidades de Vila Brasília, Vila Minuano e Asa Branca.

Duas estruturas, basicamente, protegem o Sarandi: um dique maior, que margeia o arroio que leva o mesmo nome do bairro, partindo da Avenida Brasil, abraçando toda a área e dividindo-se em um braço estendido até a BR-290, conhecida pelos gaúchos como freeway. A segunda estrutura segue por trás da sede da Fiergs e retorna até a Avenida Caldeia. A própria freeway, elevada sobre a várzea, funciona como um muro de proteção — embora permita a passagem da água por alguns pontos por debaixo da via.

Os moradores do Sarandi estão calejados pelas cheias recorrentes. Na verdade, exaustos. Ano sim, ano não (às vezes, os dois), veem o conteúdo apodrecido dos arroios tomar parte do bairro, seguidamente na altura da canela. A depender do período, a situação é um pouco pior, como em 2015 e 2023. Em 2013, o bairro já havia sofrido uma inundação em razão do rompimento de um dique. Nunca, no entanto, fora tão ruim quanto agora. Dessa vez, era como se a argila dos diques derretesse.

De uns tempos para cá, moradores argumentam que a região, já vulnerável, se tornou uma espécie de bacia devido a aterros feitos para a construção de empresas no entorno das estruturas de proteção. As propriedades receberam areia e pedras, foram elevadas. E, assim, as vilas ficaram em terrenos relativamente mais baixos. Por essa hipótese, a Elizabeth, por exemplo, teria se tornado um buraco.

— Estão aterrando a esponja — assevera Domingos Tenedini, 78 anos, presidente da Associação de Moradores Vila Elizabeth e Parque (Amvep).

Prevendo o pior, há cerca de 10 anos ele decidiu se mudar para o Jardim do Bosque, bairro da vizinha Cachoeirinha, embora não consiga, um dia sequer, afastar-se do Sarandi, onde nasceu.

— Vou pra casa só pra dormir — garante.

Já o amigo de longa data Vilmar ficou na Vila Elizabeth. No final de abril de 2024, quando começou a ver as notícias da inundação do Vale do Taquari, sugeriu, por precaução, que a esposa, Lisiane, 52 anos, em recuperação de câncer, se mudasse para a casa de familiares. A nora, Deisyane, grávida de oito meses, estava no hospital para exames e receberia alta em breve. A família mora a cerca de 50 metros de um dos diques que protegem a "bacia".

A estrutura de argila, pedras e areia hoje é praticamente imperceptível: sobre o que deveria ser uma área de segurança para bloquear a subida do Arroio Sarandi estão ruelas de chão batido e casebres, algumas recostadas a poucos centímetros do leito, que, na madrugada do dia 4 de maio, ameaça transbordar.

Por isso, Vilmar está de olhos estaqueados. Mandou o filho, Gabriel, dormir, e preferiu ficar atento à movimentação.

— Vou ficar acordado — prometeu.

Desde a quinta-feira, dia 2, servidores da prefeitura monitoram os diques diante dos volumes torrenciais que forçam as estruturas. A cheia já ocupa todo o lado leste da Avenida Assis Brasil, próximo da casa de Vilmar.

Na sexta-feira, dia 3, a água começa a se acumular pelo asfalto e a isolar o acesso a Cachoeirinha. Depois da Avenida Castelo Branco, a segunda conexão terrestre da Capital com o resto do Brasil começa a se fechar. Restaria apenas uma ligação — a RS-040, por Viamão, transformada em rota de evacuação.

Rumores de rompimentos dos diques se acumulam nas conversas pelas esquinas. A prefeitura garante que, na verdade, ocorrem apenas extravasamentos — ou seja, os riachos estariam passando por cima das estruturas. A desinformação é tanta que o prefeito Sebastião Melo vai à região gravar um vídeo garantindo que os diques não haviam furado.

Poucos porto-alegrenses conseguem dormir naquela madrugada. A água enche a cidade pelo Centro e extravasa pelo norte. Às 3h da manhã, Vilmar chama o filho Gabriel. Quando o rapaz se levanta, sente as pernas se molharem. Os dois saem de casa carregando o pouco que tinham à mão em direção à sede da associação de moradores, àquela altura transformada em campo de refugiados. As pessoas chegam apavoradas. No prédio, garantem uma vianda de comida, um café quente e, claro, o conforto dos vizinhos. Os grupos são organizados em ônibus e partem para acolhimento em outras áreas.

Na manhã e na tarde de sábado, dia 4, a rotina é de salvamento, resgate e direcionamento dos moradores para pontos mais seguros. A associação, um dos poucos locais secos enquanto as bordas do Sarandi são invadidas, se tornara um refúgio para trocar a roupa molhada. No meio dessa confusão, do vai e vem de gente, a nora de Vilmar tem alta do hospital e chega por volta das 9h.

Enquanto as pessoas deixam o bairro, servidores da prefeitura identificam que o extravasamento do dique da Fiergs é maior do que se imaginava. A partir dali, a água superaria a barreira em mais pontos. Junto à Fiergs, passava por cima do dique, caía em um riacho e corria em direção ao bairro. Trabalhadores do município travavam uma luta inglória contra a força da natureza. Caminhões com pedras chegavam, máquinas retroescavadeiras empurravam materiais para dentro da estrutura, mas, como um aquário com fissuras surgindo de tempos em tempos, novos extravasamentos apareciam.

Às 10h de sábado, o riacho já está fora do leito e começa a entrar nas casas. Nas ruas, veículos avançam em alta velocidade e sobre os canteiros. Moradores enchem os porta-malas dos carros com eletrodomésticos, tentando salvar o que cabe naquele espaço. Crianças, idosos e cadeirantes são colocados na traseira de caminhonetes ao som de buzinas e gritos de desespero.

Às 16h, a água vence. Em menos de 30 minutos, toma boa parte da Avenida Assis Brasil, uma das principais de Porto Alegre, e impede o tráfego. Há pelo menos dois pontos de extravasamento nos diques. Os funcionários da prefeitura, que até aquela hora tentavam empilhar pedras, recebem ordem para interromper o serviço. Não há mais condições de segurança. Uma escavadeira hidráulica é deixada para trás. A "bacia" se enche de vez.

Às 22h de sábado, o último ônibus parte da associação de moradores da Vila Elizabeth. No total, Vilmar e amigos haviam evacuado cerca de 4 mil pessoas. O veículo derradeiro precisa sair pela porta dos fundos porque a frente do prédio está isolada. Vilmar dorme na associação naquela noite, acompanhado do filho e da nora. No domingo, acorda já aterrorizado.

— A água subiu tão rápido. Quando vimos, estava lá em cima — relembra.

Ele e Gabriel organizam um plano de evacuação imediata. Colocam Deisyane sobre uma mesa, que faz as vezes de maca. A estrutura de madeira vai flutuando até a saída, enquanto Vilmar, com 1m85cm de altura, e o filho, medindo 1m90cm, a empurram:

— Eu só ia pulando para nadar. Éramos só nós dois — conta.

Deisyane é elevada acima das grades de ferro da associação, de mais de dois metros. São 14h30min de domingo quando ela é entregue ao Corpo de Bombeiros.

A família se encontra em um posto de combustíveis da Avenida Assis Brasil transformado em ponto para retirantes. A epopeia não havia terminado. Naquela tarde, Porto Alegre vive uma das tantas cenas dramáticas da tragédia: centenas de moradores reunidos no local aguardam familiares que ainda estavam resgatando pertences, recebem apoio de voluntários, buscam abrigo ou, simplesmente, andam a esmo, de um lado a outro, sem entender muito bem o que está ocorrendo. De repente, alguém grita:

— Estourou o dique!

Buzinaços, sirenes da polícia e mais gritos. Em um turbilhão de emoções, a multidão inicia uma corrida desenfreada até áreas mais altas do bairro. Nas redes sociais, pessoas gravam vídeos em aflição:

— Não venham, gente! Estourou o dique! Fiquem longe daqui!

— Recua, vamo! Vamo! Vamo, pessoal!

— Estourou o dique! Sai! Sai! Sai!

Crianças correm pelas ruas, pais exasperados com bebês de colo entram em carros e partem em seus veículos pela contramão. Moradores deixam apartamentos pelas janelas e sacadas, com o auxílio de cordas improvisadas feitas de lençóis.

— Vai dar onda de três metros — repetem alguns.

A sensação é de que o Sarandi será engolido em minutos. Em marcha desordenada, milhares de pessoas seguem rumo ao Terminal Triângulo, região mais alta da Assis Brasil. É um milagre ninguém ter sido atropelado. Vilmar prefere esperar. Mantém o sangue frio. Ao menos até aquele momento, o dique não havia rompido. Era mais um dos tantos boatos que enchem as redes sociais e os grupos de WhatsApp. Com a família, ele se dirige a Sapucaia do Sul, onde ficará na casa de familiares.

As imagens daquele domingo não saem da cabeça dos moradores do Sarandi.

— Meu neto está traumatizado até hoje — conta outro morador, Sidnei Vasconcellos, 66 anos. — Minha esposa não pode ver uma chuvinha sequer.

Diante dos primeiros pingos, Rita Santos Silva já imagina que a água vai entrar, de novo, na pequena residência de madeira localizada a menos de 50 metros do dique. Por trás do temor estão os acontecimentos de 3 de maio, que não deixa de reviver: naquele dia, Sidnei sugere que a esposa e a filha, Daniela, sigam para a casa do filho, Daniel Santos Silva, a cerca de três quilômetros de onde moram. No terreno da família, na Rua Domingos de Abreu, está o Voyage 1989, o primeiro carro que ganhara dos pais.

— Ele nunca quis se desfazer do carro — lembra Sidnei.

Na ocasião, o pai sugere ao filho:

— Não precisa tirar, temos rampas. Vamos colocar aqui — acrescenta, imaginando que, como em outras cheias, essa não passaria de um metro do chão.

Naquele dia, Daniel conduz o carro a uma área segura.

— Vou levar meu Voyage — insiste.

Foi sorte. A casa de Sidnei é tomada pela água, que supera os dois metros e alcança o forro da residência.

— Tínhamos mobiliado não fazia dois meses... móveis, quarto novo... — lamenta.

Enquanto Sidnei busca refúgio longe da Vila Elizabeth, Vilmar decide voltar, de barco, para a associação de moradores. Soubera que criminosos estavam arrombando casas e prédios para saquear imóveis abandonados. Àquela hora, o Sarandi é outro bairro-fantasma.

Vilmar passa várias noites no segundo andar da sede, sobre um primeiro piso devastado — a cancha de bocha, o setor administrativo e a quadra de esporte, tudo está alagado. À noite, só se escuta o barulho do motor dos barcos da polícia. Voluntários lhe atiram comida e bebida pela janela. De tempos em tempos, sons estranhos de estilhaços de vidro, cochichos ou o uivo de animais irrompem no meio na madrugada.

O Sarandi é, oficialmente, o bairro mais atingido pela tragédia de 2024 em números absolutos. Segundo o painel digital da prefeitura, 26.042 pessoas foram afetadas. O fenômeno cercou 8,1 mil edificações, como a sede da Paróquia Santa Catarina, situada na mesma Vila Elizabeth. A igreja localizada na Avenida Souza Melo sofreu uma série de danos após a inundação chegar a incríveis 4 metros de altura em seu interior e notabilizou outro cenário representativo da crise.

Acima do altar, afixada à parede, a figura de Cristo crucificado ficou com a marca da água suja estampada nos joelhos.

— Foi muito impactante. Quando a gente colocou os pés na igreja, estava tudo com aquela lama preta e o odor fétido — recorda o integrante do Conselho Paroquial, Nelson Sarmento Dreissig, 72 anos, referindo-se ao momento em que conferiram os estragos.

A igreja perdeu bancos, equipamentos de som, ventiladores e obras sacras. Secretaria, salas e ginásio também foram comprometidos. Tudo o que havia nesses espaços, de eletrodomésticos a roupas e alimentos, foi destruído. Mesmo assim, em meio à faxina, a paróquia teve forças para distribuir uma média de 450 marmitas diárias, ração para animais de estimação, água mineral, cestas básicas e produtos de higiene e limpeza.

Segundo a Arquidiocese de Porto Alegre, durante o auge da enchente foram abertos 54 abrigos em paróquias, apesar de nove paróquias e 60 capelas terem sido afetadas.

Depois de ter apontado um extravasamento dos diques, no dia 20 de maio, uma segunda-feira, a prefeitura confirmaria o rompimento da estrutura em dois pontos no Arroio Sarandi — não muito longe das casas de Sidnei e Vilmar ou da Paróquia Santa Catarina. Não foi possível, segundo as autoridades, saber o momento em que isso ocorreu. Em uma das passagens, ficou um rombo de entre quatro e cinco metros. Na outra, entre oito e 10 metros.

O bebê que estava na barriga de Deisyane, a nora de Vilmar retirada da sede da associação de moradores sobre uma mesa flutuante, nasceu no dia 7 de junho. Um dos primeiros porto-alegrenses da geração pós-enchente de 2024 se chama Arthur.

NOS BASTIDORES DO PODER

Em uma das tantas manhãs em que levantara cedo para tomar café no restaurante do Hotel Embaixador, onde buscou refúgio após o Guaíba invadir sua casa no bairro Guarujá, na Zona Sul, o prefeito Sebastião Melo se surpreende com os gritos disparados em sua direção:

— Isso é culpa tua! — brada um hóspede anônimo.

Por esses dias, o estabelecimento localizado na Rua Jerônimo Coelho, na parte mais elevada do Centro Histórico, virara um refúgio para operários de empresas de serviços essenciais, moradores desalojados e, em um desdobramento insólito da enchente, do próprio prefeito da Capital.

Em um primeiro momento, havia se instalado em outro hotel, o Express, na Rua João Manoel, que acabara ilhado em um intervalo de poucas horas. No novo endereço, o convívio com cidadãos afetados pela crise revela a Melo, em primeira mão, a indignação popular fomentada pela falta de água potável, de energia elétrica e de perspectivas concretas de quando a vida voltaria à normalidade.

O funcionamento do hotel lembra uma operação em tempos de guerra: a luz só é ligada à noite, graças à injeção de óleo diesel em um gerador, e caminhões-pipa reabastecem os reservatórios periodicamente para as torneiras não secarem por completo. Para escapar de constrangimentos, o prefeito evita frequentar locais públicos como restaurantes:

na maior parte das vezes, serve-se de marmitas distribuídas pela prefeitura aos servidores públicos que atuam no combate à crise ou armazena, no frigobar, alguma comida adquirida nos mercados.

Ao chegar ao quarto, geralmente entre o final da noite e o começo da madrugada, tenta conciliar o sono revirando-se na cama enquanto se ressente das críticas crescentes que vem recebendo por parte de cidadãos revoltados e de representantes da imprensa. A primeira-dama, Valéria, se encontra abrigada na casa do filho mais novo, João.

À medida que se amplia o caos na metrópole, multiplicam-se também as queixas de que não adotou os preparativos necessários para enfrentar a cheia apesar dos avanços do Guaíba no ano anterior e da demonstração de que o Muro da Mauá não seria capaz de fazer frente a uma inundação de maior porte. Afinal, nas duas vezes em que havia sido testada, entre setembro e novembro de 2023, a cortina de concreto vazara.

Também pesam contra a gestão municipal cobranças públicas sobre o sucessivo colapso das casas de bombeamento pluvial que poderiam amenizar o impacto do aguaceiro. Uma a uma, sucumbiram à subida do nível do lago ou ao desligamento das redes de energia até restarem menos de um quinto das 23 estações em operação. Considera-se injustiçado pela contundência e pela abrangência dos questionamentos. Justifica, a si mesmo e à população, que fazia o possível.

— As casas de bomba servem para aliviar temporal. Estavam funcionando e deixaram de funcionar apenas quando a cidade foi invadida porque o sistema de proteção como um todo não funcionou. Não é só o Muro da Mauá. Todo o sistema, que vem do Sarandi e vai até o Cristal, se mostrou falho, incompleto — alega Melo.

Em resposta aos questionamentos, procura gravar vídeos diários atualizando o cenário no município e fornecendo orientações à população. Por vezes as mensagens geram controvérsia, como quando recomenda tardiamente a evacuação dos bairros Menino Deus e Cidade Baixa, na tarde do dia 6 de maio. Naquele momento, os dois lugares já naufragavam.

A CEEE Equatorial havia desligado ainda pela manhã a energia na região da casa de bombas de número 16, responsável por forçar a drenagem das ruas dessas regiões. A medida, segundo a empresa, tinha o objetivo de evitar acidentes provocados pela presença de fios energizados em uma zona alagada. O prefeito, porém, se diz pego de surpresa. O desacerto motiva uma dura reunião a portas fechadas entre Melo e o diretor-presidente da CEEE Equatorial, Riberto Barbanera, naquele mesmo dia.

Há duas possibilidades: fazer uma pesada crítica pública à empresa, mas com isso correr o risco de gerar um sentimento de insegurança na população ao escancarar o desencontro entre os agentes públicos e privados, ou tentar emanar um clima de maior serenidade. Vence a segunda opção. Dirigindo-se ao representante da concessionária, Melo utiliza uma metáfora para fazer cobranças:

— Se o senhor está em uma sala de cirurgia e precisa operar o paciente, o senhor opera. Mas, assim que acaba, avisa a família, não é? Se precisou desligar a energia, tinha de avisar o prefeito.

Barbanera alega que se tratou de uma ação emergencial devido ao risco de choques.

Outro vídeo, no qual o gestor municipal recomenda que as pessoas que dispõem de uma casa na praia rumem para o litoral, gera uma corrida à RS-040, que entope de veículos e exige longas horas de viagem. Melo argumenta que era uma sugestão, não uma ordem, diante do risco de a cidade colapsar em razão das dificuldades de abastecimento de água e energia elétrica.

— Em uma crise, a solidão do poder é muito maior. Tem um punhado de gente que te dá palpite de tudo que é jeito, bom, ruim, mais ou menos, mas é tu que tem de tomar a decisão. Tu é o líder — analisa Melo.

Uma dessas decisões acabaria resultando em um dos momentos mais marcantes da reação aos impactos da enchente. Quando Porto Alegre se viu cercada, foi preciso abrir caminho à força para a circulação de veículos de emergência, cargas de mantimentos, remédios e outros itens fundamentais.

Já é começo da madrugada do dia 8 de maio quando um dos mais antigos engenheiros do município, já aposentado, mas recontratado para a Secretaria Municipal de Obras e Infraestrutura, José Carlos Keim, apresenta esboços que incluíam a ideia de se construir um corredor humanitário no acesso para o Túnel da Conceição, no Centro Histórico.

O desenho improvisado indica a necessidade de elevar a via com pedras rachão (maiores do que a brita comum) e uma nova camada de asfalto para livrar a pista da água. Mas há um problema: em condições normais, um vão de 4m70cm separa o leito da via e o topo da passarela. Com a elevação emergencial, esse espaço ficaria reduzido e dificultaria a passagem de veículos maiores.

Perguntado se seria seguro derrubar a passarela, Keim pensa alguns segundos, coça a cabeça e atesta que é possível colocar a estrutura abaixo com o uso de um pica-pau (equipamento hidráulico usado para furar concreto). Todos se olham, e Melo dá o aval:

— Vamos derrubar.

Dois dias depois, na manhã de 10 de maio, sexta-feira, começa o trabalho para demolir a passagem de pedestres. Depois de pouco mais de uma hora de operação, a travessia de concreto está no chão.

Assim como a figura pessoal do político de 66 anos se viu cercada pelas repercussões da tragédia, todo o núcleo da administração local precisaria migrar de um ponto a outro devido ao cerco cada vez mais apertado imposto pela enchente.

As sucessivas mudanças de endereço do centro de comando revelam outra falha do plano de contingência da Capital. Esse documento, entre outras medidas, deve detalhar a resposta oficial a uma situação de urgência e prever um local adequado para os gestores liderarem o enfrentamento de um cenário possivelmente caótico.

Sem uma indicação prévia de onde seria seguro despachar, a administração se torna itinerante. No dia 1º de maio, quando a Comissão Permanente de Atuação em Emergências (Copae) havia realizado uma reunião preparatória em uma ampla sala instalada no 18º andar do Centro Administrativo Municipal, localizado no número 157 da Rua João Manoel, já se avistava o Guaíba enchendo cada vez mais.

O gabinete do prefeito, localizado um andar abaixo, permite uma ampla visão do Cais Mauá. De frente para as enormes janelas envidraçadas, quem olha para a esquerda vislumbra as cercanias da Usina do Gasômetro, enquanto as ilhas se sucedem à frente e, mirando à direita, se divisam ao longe as pontes que ligam a Capital ao restante do estado. E por onde, sem parar, chegava mais e mais água.

No dia 3, quando da mesma janela se observa a mancha marrom cruzar o Muro da Mauá, a gestão se transfere às pressas para o prédio do Centro Integrado de Comando de Porto Alegre (Ceic), próximo à Avenida Ipiranga. Melo se divide entre reuniões internas, comunicados à população e encontros com o governador Eduardo Leite e com o comandante militar do sul, general Hertz Pires do Nascimento.

Pela parte da gestão estadual, o Piratini repete a estratégia aplicada durante o desastre de 2023 no Vale do Taquari de estabelecer bases avançadas do governo nos locais afetados. A diferença é que, se no ano anterior havia apenas um gabinete remoto em razão da concentração dos estragos, agora o vice-governador Gabriel Souza é enviado a Lajeado, o secretário da Casa Civil, Artur Lemos, para Bento Gonçalves, e o tenente-coronel e chefe de gabinete de Leite, Euclides Neto, a São Sebastião do Caí.

Na Capital, Leite costuma atender telefonemas de prefeitos desesperados em busca de todo tipo de auxílio noite após noite até 2h, 3h da madrugada. Geralmente, é acordado pouco depois das 6h pelo mesmo tipo de apelo à distância. No final da madrugada do dia 4, uma ligação o deixa mais preocupado. Do outro lado da linha, o prefeito de Canoas, Jairo Jorge, está esbaforido:

— Preciso de auxílio para tirar os pacientes do Hospital de Pronto Socorro.

Em uma mobilização de diferentes forças de segurança e voluntários, o estabelecimento canoense é evacuado com urgência graças ao auxílio de embarcações e de helicópteros até o dia seguinte. Mais de 200 doentes e funcionários são encaminhados a locais seguros.

Assim como Sebastião Melo, Eduardo Leite divide o tempo entre a coordenação de ações e a defesa contra críticas de dentro e de fora do estado, de voltagem cada vez mais elevada, em relação às flexibilizações da legislação ambiental.

— O Código se preocupou mais em tentar melhorar processos e a sintonia da legislação ambiental gaúcha com a nacional — justifica Leite.

No nível municipal, a administração de Porto Alegre continuava às voltas com questionamentos e com a necessidade de seguir trocando de endereço. O trabalho na sede improvisada do Ceic dura apenas quatro dias e também é comprometido pela chegada imparável do dilúvio. No dia 6 de maio, segunda-feira, técnicos do Dmae alertaram a coordenação da prefeitura de que a inundação se avizinhava e poderia ser preciso bater em retirada novamente. A previsão se confirma na madrugada seguinte, quando o Ceic acaba tomado pela cheia.

O comando municipal passa então a alternar seus trabalhos entre a sede do Dmae, a Secretaria de Meio Ambiente, Urbanismo e Sustentabilidade (Smamus) e o Instituto Ling, no bairro Três Figueiras, como um quartel-general volante que procura se manter sempre a salvo de um inimigo em permanente vantagem.

A retomada das atividades no centro administrativo da Capital ocorreria somente em 13 de junho, 41 dias depois de a inundação ter desalojado o núcleo do governo porto-alegrense do prédio de onde, nos primeiros dias de maio, se viu o Guaíba saltar de seu leito e atravessar o asfalto.

A CHEIA EM NÚMEROS

Principais impactos na Capital
5 mortos
160.210 pessoas afetadas
39.422 edificações ilhadas

Bairros com mais pessoas afetadas
Sarandi 26.042 moradores
Menino Deus 18.231
Farrapos 17.522
Humaitá 12.617
Cidade Baixa 9.338
Floresta 7.522
Ponta Grossa 6.631
Centro Histórico 6.558
São Geraldo 6.546
Arquipélago 6.411

Empresas prejudicadas
45.970
— 29.048 de serviços

— 11.320 do comércio
— 5.496 indústrias
— 106 outras

Infraestrutura municipal danificada
Água e esgoto
19 Estações de Bombeamento de Água Pluvial (Ebap)
5 Estações de Bombeamento de Água Bruta (Ebab)
4 Estações de Tratamento de Esgoto (ETE)

Equipamentos públicos
186 praças
12 parques e largos
1.081 quilômetros de vias

Educação
100 escolas particulares
44 colégios estaduais
16 colégios municipais

Saúde
22 unidades de saúde
2 hospitais
3 farmácias populares
4 clínicas da família

3
A LUTA PELA SOBREVIVÊNCIA

MORTE E ANGÚSTIA NA ZONA NORTE

    O Beco da Irene é um desses lugares que surgem de forma espontânea enfiados no meio da malha urbana das periferias e nem mesmo figuram nos mapas oficiais de capitais como Porto Alegre. No terreno contíguo à Rua Bangu, no bairro Sarandi, serpenteia uma viela às margens da qual se espremem oito casas que compartilham o número 456 do logradouro informal e invisível aos olhos da maioria. Embora esteja distante cerca de 2,5 quilômetros do Rio Gravataí, ao norte, e outro tanto do Arroio Feijó, a leste, no final da madrugada do dia 5 de maio de 2024 um de seus moradores mais antigos morreu como se estivesse no meio do mar.

    O trajeto equivalente à distância de 25 quadras percorrido pela água até alcançar o casebre de madeira azul onde vivia Vilmar Enar Lozado, 57 anos, é um indicativo da dimensão avassaladora que a enchente assumiu. Se levou pânico a bairros tradicionais como Centro, Cidade Baixa e Menino Deus, em localidades periféricas, a exemplo do Beco da Irene, o medo do flagelo se mostraria mais justificado.

    Dois dias antes da morte de Lozado, quando boa parte das atenções se concentrava no transbordamento do Guaíba sobre as vias centrais da Capital, a Zona Norte já penava. Na madrugada de 3 de maio, sexta-feira, o extravasamento do Arroio Sarandi forçara as primeiras famílias a abandonarem seus lares carregando o que os braços suportavam, a pé ou dentro de embarcações.

Nas proximidades da Rua Francisco de Medeiros, um casal circulava em um barco a motor, enquanto um vizinho carregava uma TV nas costas. Outro morador equilibrava um aparelho de som com dois alto-falantes sobre um caiaque, enquanto muitos debandavam apenas com a roupa molhada que estava no corpo. Em uma praça às margens do arroio, o escorregador utilizado pelas crianças servia de apoio para famílias desabrigadas amarrarem uma lona e construírem um abrigo improvisado.

Dois quilômetros a leste dali, em solo ainda seco, Lozado se mantinha decidido a permanecer na Rua Bangu, onde a vizinhança inteira lhe conhece pelo apelido de Nica. Naquele pedaço de chão, não muito longe da Avenida Assis Brasil, casou-se, teve cinco filhos, separou-se e passou a travar uma luta diária contra o alcoolismo e a depressão.

Sua guardiã era a irmã Jucelaine Lozado, 53 anos, vendedora autônoma. Como Nica morava sozinho havia vários anos, era ela quem procurava saber a todo momento como ele estava, comprava os remédios que o ajudavam a enfrentar os demônios pessoais, e a responsável por levá-lo às frequentes consultas médicas.

Mas, naquela virada do dia 4 para 5 de maio, Jucelaine termina de passar um período de férias na casa de uma amiga no Rio de Janeiro, a 1,1 mil quilômetros de distância. Ao se informar sobre o agravamento da cheia na Capital, tenta e não consegue falar com Nica. Com as duas mãos agarradas ao celular e olhos fixos na tela, faz contato por WhatsApp com outros familiares e conhecidos do bairro a fim de descobrir como e onde se encontra o irmão sumido.

— A água começou a subir muito rapidamente a partir das 16h, 17h do dia 4. À noite, a situação já era bastante crítica. Ninguém jamais havia visto algo parecido, então comecei a entrar em pânico tentando achar o meu irmão — relembra Jucelaine.

Outros moradores do beco, pressentindo o avanço irrefreável da enchente, haviam partido cedo rumo a casas de familiares em locais mais seguros.

— Quando fiquei sabendo que a água já estava chegando forte lá pelos lados da Fiergs *(sede da Federação das Indústrias do Estado do Rio Grande do Sul, a cerca de 800 metros de distância)*, eu, meu marido e meus quatro filhos fomos embora de manhã pra casa de parentes. Não sei por que o seu Nica ficou — relata a vizinha Daniele da Silva, 30 anos.

Uma hipótese é que, da mesma forma que outros moradores, ele tivesse medo de ladrões furtarem o pouco que tinha dentro da casa formada por um retângulo de madeira com sala, quarto e cozinha complementado por um banheiro anexo de alvenaria. Naquele espaço acanhado se dedicava a dois hábitos pelos quais também era conhecido: acompanhar as notícias por jornal, TV e rádio, e saborear suculentas fatias de melancia.

Havia muitos anos, devido à dependência do álcool e às dificuldades no tratamento da depressão, já não trabalhava como motorista. Era auxiliado também financeiramente pela irmã, que finalmente sorri aliviada às 4h35min do dia 5, domingo. Ela avista no celular uma mensagem recém-enviada com uma foto de Nica encharcado, mas vivo ao lado de conhecidos.

Tranquilizada pela descoberta do paradeiro do familiar após um dia inteiro de preocupações, Jucelaine consegue finalmente deitar a cabeça sobre o travesseiro e dormir de exaustão. O desafogo duraria apenas mais algumas horas. No começo da manhã, é despertada pela ligação de uma sobrinha com a notícia da morte de Vilmar Lozado.

— Pedi para que as pessoas que estavam com ele não deixassem ele voltar para casa. Tentei fazer com que ele fosse se abrigar com a ex-mulher, no bairro Santa Rosa de Lima. Mas não foi o que aconteceu — lamenta Jucelaine.

Mesmo com a inundação subindo sem parar em plena madrugada, Nica havia insistido em voltar para casa com a suposta intenção de recuperar documentos. Enquanto sua irmã ainda repousava, aliviada, ele passou pela entrada do beco, um espaço de pouco mais de um metro de largura entre as paredes altas de duas casas de dois pisos, dobrou à esquerda, à direita e novamente à esquerda até avistar as tábuas pintadas de azul.

Conseguiu sair de lá com o auxílio de voluntários que atuavam como resgatistas e chegar a um bar que servia de refúgio improvisado a alguns dos primeiros desabrigados da catástrofe climática. Estava a salvo, conforme provava a fotografia encaminhada para a irmã aflita no Rio de Janeiro. Mas logo depois, agitado, resolveu testar a sorte mais uma vez, enfrentar a torrente que naquele momento já chegava acima do nível da cintura e retornar de novo a sua moradia. Não conseguiria escapar uma terceira vez.

A irmã e uma filha acreditam que ele possa ter recebido um choque elétrico e caído desacordado, já que, segundo relatos recebidos por elas, a região estava energizada. A CEEE informou, por meio da assessoria de comunicação, não ter "registro deste caso", e acrescenta que "a maioria dos desligamentos foi preventiva, justamente por segurança".

De qualquer forma, temerosos de receber uma descarga elétrica, outros vizinhos preferiram não se arriscar para salvar pertences. Em vez disso, montaram grupos de vigia formados por alguns moradores circulando dentro de um bote pelas ruas, e outros postados como sentinelas no segundo piso dos imóveis mais altos da vizinhança tomada pelo pavor.

Filha da vítima, Laura dos Santos Lozado, 19 anos, crê que o pai tenha voltado para tentar salvar os cachorros de uma outra moradora — a dona Irene, que dá nome ao beco e abrigava vários animais em seu quintal. A irmã ouviu outras versões, como a de que tentava reaver ao menos algumas roupas para ter o que vestir nos dias seguintes. Qualquer que fosse o objetivo, na terceira e última vez em que Vilmar Lozado foi retirado da enchente, já estava sem vida. Seu corpo foi localizado boiando em meio à água escura que superava 1m50cm de profundidade e fazia submergir móveis, roupas, bichos e gente.

Pelo menos outras quatro pessoas morreriam durante a enchente de maio de 2024 na Capital, de acordo com os registros oficiais disponíveis até meados de setembro. Foi um dos desfechos — o mais trágico, mas longe de ser o único — da desgraça que também provocou uma onda de refugiados recolhidos de suas casas por meio de motos aquáticas, botes a remo e barcos a motor pilotados por centenas de militares e civis que se apresentaram como voluntários na hora mais crucial.

GASÔMETRO VIRA PORTO DE REFUGIADOS

Refugiados costumam ser o primeiro contato de jornalistas com a guerra. É pelo olhar desorientado de quem carrega uma mala ou lençol convertido em trouxa de roupas que o mundo normalmente toma conhecimento do horror. Um dos principais ícones arquitetônicos gaúchos, nestes dias insanos, está convertido em um porto de refugiados. A rampa do Cais Mauá, ao lado da Usina do Gasômetro, representa a fronteira que separa o temor da morte iminente de uma nesga de esperança. O futuro é ainda incerto, mas, ao menos por enquanto, quem chega comemora a vitória.

Em tempos normais, a rampa em frente ao 360 POA Gastrobar, restaurante de formato arredondado que repousa sobre um pilar acima do Guaíba, serve de pista de acesso aos bares da orla. Hoje, é pelo concreto sujo de lama que os retirantes das águas dão seus primeiros passos em terra firme.

Aclamado pela beleza de sua coloração alaranjada, o pôr do sol apareceu nesta tarde de terça-feira, 7 de maio de 2024, mas ninguém lhe presta a costumeira reverência. As palmas são para cada ser humano que surge no horizonte. Kaleb Jaras, técnico de segurança do trabalho, faz questão de puxar um aplauso a cada embarcação que aporta trazendo flagelados.

— Vamo lá!

— Força!

— Vamos aplaudir!

Imediatamente, quem está ao redor para o que está fazendo. Várias palmas são ouvidas.

— É para dar moral pro pessoal — explica Kaleb, que exibe uma mordida de cão e uma ferida provocada por um prego no pé durante o trabalho de dias como voluntário retirando pessoas da enchente.

Uma das reverenciadas é Viviane Azevedo, que fugiu de Eldorado do Sul com a amiga Núbia e as pequenas Manoela, 12 anos, Isabela, sete, e a gata Maria.

— Decidimos sair depois que passaram pela nossa casa avisando que não iriam levar mais comida — esclarece Viviane, que havia se abrigado no segundo andar da residência.

Ainda na rampa, cada aplauso faz Mauro Souza, 63 anos, e Lauren Carvalho, 33, pai e filha, esticarem o olhar. Eles foram resgatados de moto aquática no sábado, dia 4. Desde pouco antes das 10h, fincaram pé em frente à tenda dos bombeiros para garantir que a mãe, o avô de Lauren e sete gatos da família sejam também retirados da Ilha da Pintada. Eram quase 18h e continuavam ali.

— Falaram que está muito difícil chegar lá. Mas, como minha mãe tem problemas cardíacos e o avô passou mal, se compadeceram de nós — diz Lauren.

E segue a travessia. Alguns descem das embarcações no colo de voluntários. Os mais idosos são levados até em cadeiras de rodas.

A cada rodada de aplausos puxada por Kaleb, Marcos Vieira e alguns colegas levantam pequenos cartazes azuis com as inscrições JW ORG. São as iniciais de Jehovah's Witnesses, Testemunhas de Jeová. Estão ali como missionários na expectativa de abrigar desalojados em suas residências de forma a desafogar o sistema público de acolhimento.

— Nossas equipes receberam, na Polônia, refugiados da guerra da Ucrânia. Nunca pensei que estaria fazendo isso aqui — comenta Marcos.

Ali ao lado, os recém-chegados passam por uma triagem. Quem precisa de atendimento médico é examinado. O mais comum, conforme o médico Guilherme Essi, são casos de desidratação, insolação e glicose alta. O sol das últimas 48 horas ajudou a reduzir os sintomas de hipotermia dos primeiros dias.

Os refugiados são identificados e recebem alimentação. Nesta tarde, o apelo entre os voluntários é por marmitas de isopor vazias. Os recipientes são utilizados para servir comida que é dada a quem chega.

Sentada em uma cadeira, abraçada a uma pequena cadela, está Alana, 14 anos. Perguntada sobre qual o nome do animal, a jovem diz que não teve tempo de batizá-lo. Na hora de fugir de uma Eldorado do Sul submersa, um militar pediu que ela transportasse o bicho que, até então, jamais havia visto.

— Agora, ela é minha — diz Alana.

Os animais são de todos os tamanhos. Vê-se até raças como pitbull, rottweiler e pastor alemão. Chegam sem acoar. Parecem apavorados.

Perto dali, Sandra Borba festeja com a irmã o fato de estar viva. Pudera: chegou a ser considerada por familiares e amigos como desaparecida. Quando os azulejos do piso da casa começaram a se soltar do chão, em razão da elevação da água, ela decidiu abandonar a residência. Foi para o ginásio de Eldorado, depois para um colégio do Centro Novo. Como ficou sem sinal de celular, muitos pensaram que tinha morrido.

— Tô bem viva! E vou durar mais uns cem anos! — garante.

Recém-resgatada junto com um grupo de vizinhos, iria ficar em um apartamento na Rua 24 de Outubro, na Capital, onde trabalha como empregada doméstica. Os amigos do bairro seguiriam para um abrigo. Na despedida, acenam e trocam uma mensagem de puro otimismo:

— Nos vemos em Eldorado.

Muitos dos sobreviventes que desembarcam no concreto da orla deixam para trás histórias pessoais de horror. A auxiliar administrativa Simone Macedo Duarte, 50 anos, foi salva de um drama no sábado, dia 4. Moradora da Rua Nossa Senhora da Boa Viagem, na Ilha da Pintada, ela e a irmã Cinara, 48 anos, contaram com um resgate de última hora em um barco de voluntários.

A enchente chegara quase à altura do forro da casa de um piso e cinco peças de Simone. O agravamento da situação obrigou as irmãs a buscar refúgio na residência próxima de uma tia, localizada na Avenida Presidente Vargas. Mesmo que o endereço fique na parte de trás do mesmo quarteirão onde se encontravam, só era possível se deslocar de barco até lá. Mal se alojam no novo refúgio, a aluvião segue no encalço de ambas. É preciso continuar em fuga.

Em uma providência que se revelou premonitória, um barco havia sido deixado por um familiar na frente da casa da tia. Porém, como a embarcação de fibra não dispõe de motor ou remos, Cinara tem de andar com a água pelo pescoço para rebocar com as próprias mãos a irmã e os animais de estimação. Como a correnteza está muito forte, acaba sendo arrastada e se debate para não se afogar.

Após um momento de pânico, Cinara é salva por três rapazes e recolocada a bordo junto de Simone. Como os voluntários precisam concluir outro atendimento nas proximidades, em uma medida desesperada amarram o barco delas a uma parada de ônibus. As duas permanecem ali, dependentes de uma única corda atada à estrutura para não serem engolidas pela enxurrada, por cerca de uma hora. Como prometido, o trio de resgatistas retorna.

Cinara e Simone tomam outro bote e são encaminhadas a um abrigo na capatazia do Departamento Municipal de Limpeza Urbana (DMLU). Mais uma vez, têm de sair às pressas do local diante da elevação do nível da água.

Novamente embarcadas, se dirigem à Praça Salomão Pires de Abrahão, onde ficam na parte superior de uma pista de skate. Dali, outra embarcação conduz as duas, dois cães e um gato através de um Guaíba caudaloso como jamais se viu. Devido à correnteza revoltosa, as irmãs temem que o barco afunde durante a travessia. Um resgatista tenta acalmá-las:

— Esse é um dos barcos mais seguros para esse tipo de situação.

Ao finalmente tocarem o solo, recebem roupas secas, calçados, água, sanduíche, café e chocolate quente diante da Usina do Gasômetro, construção que acrescentou mais um capítulo em sua longa história, em 2024, ao servir como um dos principais pontos de desembarque de sobreviventes.

O prédio cuja chaminé se transformou em uma espécie de farol para os refugiados da enchente foi inaugurado em 1928 para a produção de energia a partir da queima de carvão mineral. O local onde a estrutura foi erguida é emblemático porque marca a origem da cidade. Ali, onde hoje barcos de diferentes portes e modelos descarregam gente apavorada, pouco mais de 250 anos antes teriam desembarcado os colonos açorianos que deram início à povoação.

Já o nome da usina vem de uma certa confusão popular. Desde 1874, nas imediações da usina termelétrica, no começo da atual Rua Washington Luiz, funcionava um outro empreendimento, chamado Gasômetro, como uma usina a gás. Com o passar do tempo, a população começou a se referir ao local como Volta do Gasômetro. Como as duas usinas eram próximas, logo o povo passou a se referir à termelétrica sob a denominação de Usina do Gasômetro.

No segundo volume do livro *Rio Grande do Sul — Um Século de História*, os autores Carlos Urbim, Lucia Porto e Magda Achutti contam um pouco dessa história: "A usina pertencia ao grupo norte-americano Bond and Share e consumia seis vezes mais água do que a cidade inteira, mas em troca dobrou o fornecimento de energia elétrica. Antes de a usina entrar em funcionamento, a Capital estava numa situação difícil. O consumo de energia era de 15 mil quilowatts/hora, e a capacidade instalada das três usinas de Porto Alegre, de 5 mil quilowatts."

Houve também críticas em relação ao funcionamento da Usina do Gasômetro. A fuligem de carvão que emanava pelas duas pequenas chaminés caía sobre as casas das redondezas, e os moradores começaram a protestar e exigir soluções. A situação se tornou insustentável. Para amenizar os transtornos provocados pela emissão de fuligem e aplacar a ira da vizinhança, a icônica chaminé de 117 metros de altura foi construída em 1937.

Em 1974, a usina foi desativada. Diante da ameaça de demolição do prédio, que ficava localizado no trajeto previsto para a construção da Primeira Perimetral, vários setores da sociedade se uniram em sua defesa. A mobilização surtiu efeito, e a ideia de demolição ficou apenas no papel. A edificação foi tombada pelo município em 1982, e pelo estado em 1983. Cinco anos mais tarde, teria início um processo de restauração. Em 1991, foi aberto o Espaço Cultural do Trabalho — Usina do Gasômetro Fábrica de Cultura. Era destinado a atividades de estudo, lazer e arte.

A enchente de 2024 não poupou a estrutura, que mais uma vez passava por reformas e se mantinha fechada para o público desde novembro de 2017. A água alcançou 1m50cm no interior do prédio, o que provocou danos na instalação elétrica. O elevador de carga teve perda total. Os banheiros teriam de ser reconstruídos, e o piso precisaria ser refeito. Os andares superiores não foram atingidos.

Do lado de fora, nos primeiros dias de maio, o cenário lembra um acampamento militar. Socorristas, policiais, bombeiros e integrantes da Defesa Civil se revezam nas ações de resgate. Voluntários auxiliam e acolhem os recém-chegados. Aqueles que têm motos aquáticas partem sozinhos para os salvamentos.

As irmãs Cinara e Simone, já acolhidas, observam as cenas inacreditáveis que se sucedem ao redor: uma operação de vai e vem nas águas do Guaíba. Os barcos partem e tentam desviar da correnteza no meio do lago. Não seguem em linha reta em direção às ilhas. No canal revolto, se veem galhos e pedaços de vegetação carregados em alta velocidade pela correnteza. Ora chove, ora não. O céu permanece fechado.

— Para mim, ainda é bem difícil de lembrar tudo. Foi bem complicado, eu quase perdi a minha irmã afogada. A sensação era de pânico mesmo. De querer ser resgatada — recorda Simone. — A gente chegou chorando muito — completa.

A imprensa fica em uma área cercada por fitas, perto dos degraus de uma das escadarias da orla, para não atrapalhar a movimentação. Nas proximidades, dezenas de pessoas se aglomeram para acompanhar as diferentes etapas da demonstração pública de altruísmo: quem chega das ilhas é logo recebido por voluntários que entram com a água até o peito para garantir a segurança na hora do desembarque. Em seguida, os flagelados são conduzidos para um atendimento inicial, recebem alimentos e água. Alguns precisam ser colocados em cadeiras de rodas. Outros são carregados no colo, exaustos e encharcados. Lágrimas de quem finalmente encontra algum alívio se misturam à chuva.

Após receberem os primeiros atendimentos, as irmãs são levadas para a casa de uma prima em Viamão, na Região Metropolitana. Em poucos dias, rumam para Sans Souci, em Eldorado do Sul. É preciso continuar aguardando para voltar em segurança à Ilha da Pintada e ver o que precisa ser feito para renovar o imóvel. Até a metade de agosto, Simone não retornaria a sua moradia. Permaneceria em outro endereço na ilha, pagando aluguel, para aguardar pela conclusão da limpeza e da recuperação de sua casa.

As ações de socorro também mobilizam celebridades nacionais. O surfista Pedro Scooby, 36 anos, ex-marido da atriz Luana Piovani, lidera um grupo de resgatistas. Ao lado de colegas de ondas como Lucas Chumbo, Ian Cosenza, Felipe Cesarano e outros, o grupo do ex-BBB dá início ao trabalho voluntário na segunda-feira, 6 de maio. Os surfistas chegam com motos aquáticas, coletes salva-vidas e mantimentos para doar às vítimas.

— Terrível, trágico. Acabei de fazer uma visita com o Corpo de Bombeiros, de helicóptero, para ver alguns pontos que de repente não estávamos vendo de jet ski. Tragédia total. Já tem muitos jet skis lá em Eldorado ajudando, a população toda ajudando — diz Scooby, em uma entrevista para a RBS TV no dia 7 de maio.

O Parque do Pontal é outro ponto de chegada de vítimas. Inaugurado em 26 de novembro de 2022, o espaço de 29 mil metros quadrados fica na parte de trás do complexo de mesmo nome e perto de referências como a Fundação Iberê Camargo. Em pouco tempo, graças a equipamentos como mirantes, um píer de 130 metros e um trecho de ciclovia, havia se tornado uma das opções de lazer para a população.

Na segunda-feira, dia 6 de maio, o eletricista Ricardo Sobczak, 39 anos, resgatado com o pai em um barco, chega ao local agora utilizado como espaço humanitário.

— Sou de Eldorado do Sul e tenho casa no centro de Sans Souci. Lá, a água chegou a 1m50cm. Perdi tudo em casa. Em direção à Estrada do Conde, está em 2 metros — conta.

Quem trabalha para ajudar as vítimas também desabafa sobre o que havia acabado de testemunhar. A psicóloga Sabrina Gomes Nunes,

33 anos, começara a trabalhar no voluntariado naquele mesmo dia. Esteve em abrigos e depois no Parque do Pontal.

— A situação está caótica. Mesmo nós, psicólogos, não temos o que falar. As pessoas perderam tudo e chegam sem nada. Tem gente que não sabe nem onde estão os parentes — relata.

Na chegada ao parque, as vítimas recebem atendimento médico e psicológico, água, alimentos e toalhas. Ambulâncias, carros da Brigada Militar, das polícias Federal e Civil circulam pelo local, e agentes de segurança auxiliam nos salvamentos. Na parte da frente do shopping, pessoas entregam donativos com a intenção de aliviar o trauma e o sofrimento dos flagelados da Capital.

MEDO DA VIOLÊNCIA: TENSÃO MARCA VIAGEM À ESTÁTUA DO LAÇADOR

Alfredo tem cabelo e barba grisalhos. Está com óculos de grau e veste calça e casaco de camuflagem. Paulo, também de barba e óculos, traja boné preto, japona escura e calça semelhante à do colega. Os dois se aproximam da equipe de reportagem de Zero Hora e aceitam conduzir a dupla de jornalistas à estátua do Laçador para documentar em que estado se encontra o símbolo do gauchismo em Porto Alegre em meio à inundação. Segundos antes do embarque, Alfredo para, coloca a mão na altura da cintura e avisa:

— Nós vamos armados.

Os dois atuam juntos como resgatistas sob o Viaduto José Eduardo Utzig, localizado no cruzamento da Rua Dom Pedro II com Avenida Benjamin Constant, no bairro São João. É outro dos principais pontos de resgate. Nesses dias enlouquecidos, multiplicam-se relatos de assaltos à mão armada contra voluntários que chegam de barco para salvar pessoas e animais. Por isso, as verdadeiras identidades de Alfredo e Paulo, que também portam revólveres, serão preservadas. Os nomes são fictícios.

Às 15h30min de 18 de maio, um sábado, o viaduto segue concentrando equipes de resgatistas. Há tendas de atendimento médico, farmácia, alimentação, roupas e cobertores, além de um setor de apoio psicológico e uma equipe de transporte solidário para conduzir as vítimas a abrigos ou moradias de parentes. Uma das tendas concentra ações de logística, outra, os pedidos tardios de resgate.

Uma oficina improvisada e uma área de abastecimento de embarcações complementam a infraestrutura. Roupas de borracha utilizadas por voluntários nas ações pendem estendidas em uma tenda. O clima é de tensão entre quem precisa partir em direção ao interior deserto e escuro dos bairros da região para operações de busca. Até aquele momento, a Secretaria de Segurança Pública do Estado já havia realizado pelo menos 130 prisões por crimes relacionados à enchente em todo o Rio Grande do Sul, incluindo furtos e roubos.

Passam-se 20 minutos de negociação até conseguir um barco. Cada instante é marcado por diálogos tensos, especialmente entre outros resgatistas. O alerta é sobre os riscos da viagem, além do receio permanente de a quilha (parte de baixo da embarcação) bater em algo submerso. Os dois barqueiros, por fim, concordam em levar e trazer a equipe de ZH.

Alfredo toma lugar à frente da comitiva para o caso de "acontecer algum problema inesperado". Paulo fica com a missão de conduzir a lancha de cor branca. É o único a portar um colete salva-vidas, avermelhado. Senta-se ao fundo, com o telefone celular no interior de um invólucro de plástico pendurado ao pescoço. A Rua Pereira Franco é o ponto de embarque.

Logo se vê um ônibus da empresa Carris abandonado no meio da Avenida Ceará. A água cobre as rodas e parte da carroceria. Alguns barcos passam no sentido contrário. A cada vez que isso ocorre, Alfredo volta a colocar a mão na cintura e a redobrar a atenção, olhando a um lado e a outro com os olhos semicerrados. Um bote branco, carregado de objetos de madeira e de decoração, cruza pela direção oposta, seguido pouco depois por uma lancha da Brigada Militar.

O percurso até o Laçador se estende por vias como Ceará, 18 de Novembro e Sertório. Muitas concessionárias de automóvel estão debaixo d'água, e alguns dos estabelecimentos têm vidros quebrados. Na esquina da Ceará com a Rua 18 de Novembro, outra lancha em sentido contrário transporta quatro homens. Um deles usa boné vermelho e máscara preta sobre quase todo o rosto, deixando uma pequena brecha para os olhos. Alfredo, mão na cintura, acompanha o trajeto da embarcação até sumir de vista.

A lancha com a equipe da reportagem segue caminho pela Rua Edu Chaves, junto ao Viaduto Leonel Brizola. Pouco antes do Boulevard Laçador, a metade superior de uma Rural Willys azul-marinho é avistada parada na pista. Os barqueiros acessam a Avenida dos Estados em direção ao Laçador. Neste momento, outra embarcação passa ao lado na mesma direção. Quatro pessoas levam caixas de transporte de animais em uma lancha preta.

Paulo diminui a velocidade devido ao cuidado com algumas partes mais rasas, e o trajeto se alinha à sarjeta da calçada. O antigo terminal do Aeroporto Internacional Salgado Filho continua tomado pela água. Uma rápida parada permite o registro de algumas imagens. O cenário no pátio de uma empresa de aluguel de carros é impactante: dezenas de veículos alagados. Muitos têm o capô e o porta-malas abertos.

Às 16h12min, o objetivo é atingido, e o Monumento ao Laçador surge no horizonte. Obra do escultor Antonio Caringi, a escultura teve como modelo o tradicionalista João Carlos D'Ávila Paixão Côrtes. Em 20 de setembro de 1958, data de celebração da Revolução Farroupilha (1835-1845), foi inaugurado no Largo do Bombeador, depois chamado de Largo do Bombeiro, onde ficava antes do atual endereço. Na ocasião da inauguração, o poeta e tradicionalista Lauro Rodrigues, na função de orador oficial, declamou aos presentes:

— Meus patrícios! Num dia como este, e numa hora destas, a História não se conta: canta-se!

Quatro anos antes, a estátua fora exposta em gesso na Feira Internacional de São Paulo, no Parque Ibirapuera. Comemoravam-se os 400 anos de fundação da cidade. No estande do Rio Grande do Sul, os tradicionalistas se deram conta de que faltava um símbolo para caracterizar o gaúcho e Porto Alegre. Por pouco, a estátua não foi presenteada aos paulistas. O monumento de 4m45cm de altura e 3,8 toneladas foi fundido pela J. Rebellato e, atualmente, exibe seu olhar altivo na Avenida dos Estados próximo ao antigo terminal de passageiros do Aeroporto Salgado Filho.

A escultura reforçou sua ligação com a alma gaúcha em 1991, quando foi realizada a campanha Eleja Porto Alegre. A iniciativa do banco Itaú e do Grupo RBS, parte de um projeto chamado Porto Amado, realizou uma eleição entre os porto-alegrenses para escolher qual deveria ser o símbolo da Capital entre 16 opções previamente selecionadas — entre elas, o pôr do sol do Guaíba, o próprio lago, a ponte sobre o manancial, a Casa de Cultura Mario Quintana e a Usina do Gasômetro.

Após 45 dias de votação e 548 mil cédulas depositadas nas urnas, em 26 de novembro o gaúcho de bronze foi anunciado como o grande vencedor com 32,1% da preferência. O pôr do sol ficou em segundo lugar (23,5%), enquanto o Guaíba somou 6,6%. Em 17 de agosto de 1992, o então presidente da Câmara de Vereadores, Dilamar Machado (PDT), promulgou a lei que tornou o monumento, com direito a papel timbrado, símbolo municipal. A lei, de autoria do vereador Nereu D'Ávila (PDT), chegou a ser vetada pelo prefeito da época, Olívio Dutra (PT), mas os vereadores derrubaram o veto.

Em 11 de março de 2007, a estátua foi transferida do Largo do Bombeador para o Sítio do Laçador, a apenas 600 metros do local original. Fica em espaço de 4 mil metros quadrados na Avenida dos Estados, em frente ao terminal 2 do Salgado Filho. A remoção foi motivada pela construção do Viaduto Leonel Brizola. Tombado pela Secretaria Municipal da Cultura em 2001, o símbolo sempre despertou o orgulho dos gaúchos. Em setembro de 2022, após passar por período de revitalização, foi entregue novamente à Capital. Em maio de 2024, enfrenta um novo desafio: resistir à força implacável da maior enchente da história do Rio Grande do Sul.

Nesse 18 de maio, o Laçador está circundado por 1m20cm de água, sem os costumeiros turistas que, eventualmente, param ali para tirar fotos. Sem carros na Avenida dos Estados ou aviões no Salgado Filho, resta o silêncio entrecortado por rajadas de vento sob o céu nublado.

Após a visita ao Laçador, os barqueiros conduzem a lancha pela Avenida Severo Dullius, onde a água se apresenta ainda mais elevada.

Carros, placas de trânsito e árvores afundaram. Na rampa de acesso ao segundo piso do aeroporto, há duas caminhonetes, uma lancha e um bote. A pista dos aviões segue inundada. Alfredo conta que era piloto de uma companhia de aviação.

Na volta para o viaduto, uma lancha da Polícia de Choque e dois jet skis da Brigada Militar passam em sentido oposto. Todos os militares, fortemente armados, usam chapéus camuflados. Fim da viagem. O Laçador está ilhado, mas resistiu ao cerco.

Neta mais velha e gestora da obra de Antonio Caringi, Antonella Caringi de Aquino, 53 anos, acompanha as notícias sobre a enchente desde sua casa em Pelotas, na zona sul do estado. Questionada como se sente ao ver a obra feita pelo avô circundada por água, manifesta sentimentos em relação a outros pontos emblemáticos:

— Fiquei com uma tristeza absurda pelo Centro Histórico, pelo Museu de Arte do Rio Grande do Sul e pela Praça da Alfândega. Quando vi o Laçador cercado pela água, fiquei impactada com a natureza no entorno.

A CHEIA NAS ILHAS: FOME, RATOS E A DENTADURA DO SEU ANTÔNIO

Quase toda noite, o morador da Ilha das Flores Antônio Roberto Bombaxini, 57 anos, é acordado pelo mesmo som crepitante vindo de algum lugar próximo de onde dorme: dentro de uma barraca de acampamento instalada no interior de um abrigo alguns centímetros mais amplo formado por uma lona preta e outra amarela presas a toras de madeira cravadas às margens da BR-116.

Antônio costuma acordar assustado e, tão logo recobra a consciência, se dá conta da origem dos ruídos: ratos que roem suas roupas e mordiscam o pouco alimento que armazena no refúgio improvisado e insalubre. Com o raio luminoso da lanterna balançando freneticamente de um lado a outro, caça os invasores até localizá-los.

Por vezes, apenas enxota os roedores e volta a dormir. Quando consegue, os mata para tentar reduzir a infestação. Mas os animais seguem aparecendo em quantidade e frequência tão grandes que não sabe estimar quantos já espantou ou exterminou. Mesmo que o pico da catástrofe tenha passado, segue sem ter para onde retornar devido ao tamanho dos estragos onde vivia.

Os moradores do Arquipélago, como Antônio, estão entre os mais prejudicados pelo impacto do dilúvio que se abateu sobre Porto Alegre. Dados do painel de áreas afetadas montado pela prefeitura indicam que pelo menos 6.411 habitantes das 16 ilhas que compõem o bairro foram atingidos.

Por trás do cobertor cinza que serve como porta do abrigo, 10 fardos de garrafas de água mineral e um par de galochas de borracha pretas com detalhes em amarelo garantem o mínimo de subsistência e segurança. Do lado de fora, onde repousa uma poltrona verde surrada, com chumaços do enchimento de espuma amarela à mostra, o reciclador de sucata enumera o pouco que sobrou e o muito que perdeu depois da elevação do Rio Jacuí.

Quando a enchente começou, a força da corrente arrancou e arrastou o banheiro de sua casa. A moradia de quatro peças logo ficou submersa. Antônio primeiro permaneceu em um abrigo no bairro Partenon. Incomodado com a determinação de ir dormir às 22h ou com o tratamento recebido, decidiu se deslocar para o acampamento às margens da estrada, perto da ponte sobre o Rio Jacuí, na companhia dos antigos vizinhos que considera como sua família.

A poucos metros, os carros passam zunindo rumo à metade sul. O conjunto de barracas precárias e desalinhadas foi montado sobre um terreno de barro, intercalado por tufos de capim, nas imediações de uma área alagadiça. Cavalos, porcos, galinhas, cães e gatos circulam de um canto a outro. Banheiros químicos precisaram ser alugados por razões de higiene.

A vinculação entre a Ilha das Flores e condições precárias de subsistência é antiga. Esse nome ficou conhecido internacionalmente pelo filme lançado em 1989 pelo cineasta gaúcho Jorge Furtado. Em 2019, a obra foi escolhida o melhor curta-metragem brasileiro da história pela Associação Brasileira de Críticos de Cinema (Abraccine). Entre outras premiações, ganhou o prestigioso Urso de Prata do Festival de Berlim em 1990.

A filmagem, na verdade, foi feita na Ilha Grande dos Marinheiros, também integrante do bairro Arquipélago, mas distante dois quilômetros do local original, e em um antigo lixão da Avenida Sertório que não existe mais. Ao longo de 13 minutos, a narrativa recria o caminho de um tomate desde o cultivo no campo até o descarte. Em um amontoado de lixo, os porcos ficavam com os de melhor qualidade, enquanto os piores e mais estragados eram recolhidos pelos moradores da ilha.

Parte da população reclama até hoje de estigmatização pelo fato de a obra representar aquelas pessoas em uma condição de inferioridade em relação aos porcos. A recicladora Janaina Gonçalves, 46 anos, chegou a participar das gravações na Ilha Grande dos Marinheiros, onde vivia na época. Ela diz que o curta-metragem não retratou o cenário real.

— Eu, minha família e quem mora na ilha não gostou do filme. Pois ele *(diretor)* colocou que a gente brigava com os porcos pelo alimento. E não era realidade. No dia do filme, colocaram a gente junto com porco e cachorro dizendo que a gente disputava alimento com os animais — detalha Janaina, que atualmente mora na Vila Farrapos.

— Evidentemente, não é um documentário. O filme tem atores e abre dizendo que Deus não existe, que é uma afirmação totalmente inverificável para um documentário. É, na verdade, um filme de gênero misto. É um ensaio cinematográfico. Um texto com imagens. Mas as pessoas chamam qualquer curta-metragem de documentário e, também, não leem os créditos, onde isso fica explícito — argumentou Furtado em entrevista ao jornal Zero Hora no dia 12 de julho.

O *Atlas Ambiental de Porto Alegre*, do geólogo e professor da UFRGS Rualdo Menegat, informa que as ilhas somam cerca de 4,5 mil hectares sob jurisdição de Porto Alegre. Junto a outras situadas em municípios limítrofes, integram o Parque Estadual do Delta do Jacuí, localizado ao norte do Lago Guaíba. O livro esclarece que "a ocupação da Pintada e das Flores remonta ao início do século passado, estendendo-se pelas demais ilhas. Até os anos 50, a importância econômica do arquipélago residia nas atividades pesqueiras, agrícolas, industriais e comerciais, que se destinavam ao mercado consumidor da cidade. Posteriormente, esse tipo de economia foi perdendo sua importância e desapareceu como forma de exploração econômica."

O texto prossegue: "A facilidade de acesso às ilhas pela Travessia Regis Bittencourt, a partir dos anos 60, intensificou a ocupação desordenada em áreas de baixa aptidão geológica, resultando em vários problemas ambientais. Diversos assentamentos populacionais nas ilhas Grande dos Marinheiros, das Flores, Pavão e da Pintada surgiram espontaneamente e concentram quase toda a população do arquipélago."

"Nas três primeiras ilhas, as vilas populares apresentam precariedade de infraestrutura urbana e casas de baixo padrão construtivo. Todavia, junto à Rua dos Pescadores, na Ilha das Flores, predominam residências de alto padrão construtivo, utilizadas para o lazer. A estruturação urbana na ilha da Pintada, originada a partir de uma vila de pescadores, apresenta baixa densidade populacional e adequada infraestrutura, em função de recentes investimentos públicos do município. Nas demais ilhas, predomina uma atividade rural esparsa. Nos períodos de cheia, as atividades humanas nas ilhas ficam paralisadas devido ao bloqueio de estradas, habitações e escolas.

São característicos, desde a década de 50, os clubes náuticos nas ilhas Grande dos Marinheiros e Pavão, onde há práticas de esportes e fruição da paisagem natural. Edificações históricas ocorrem na Ilha Casa da Pólvora, onde se situam os prédios que abrigaram um antigo paiol e uma torre que sobressai do dossel da mata marginal."

Na casa de Antônio, à qual se chega descendo um barranco e caminhando por um piso de terra batida e umedecida, o assoalho apresenta grandes buracos em vários pontos por onde é possível vislumbrar o solo molhado. As aberturas facilitam a entrada de ratos e aumentam o risco de se pisar em falso. Na entrada da residência, estão peças de sucata que ele reciclava ou consertava para ganhar a vida. Sobre o telhado, arrastada pelo Rio Jacuí, ficou uma geladeira.

Entre os muitos problemas que o enredam, um é mais urgente. Quando o rio destruiu o banheiro da casa, levou junto sua prótese dentária. Desde então, enfrenta dificuldades para se alimentar e não sorri por constrangimento de ser visto com a boca desdentada. Quase não tem o que comer e, quando lhe cai nas mãos algum alimento, mal consegue mastigá-lo.

— Estou esperando ajuda para colocar os dentes de novo. A enchente levou minha dentadura — diz Antônio, de boné preto com detalhes em verde e camiseta amarela de manga curta com desenhos no peito.

Após Zero Hora publicar uma reportagem narrando o drama do reciclador, uma clínica especializada o procurou para fazer uma prótese nova de forma gratuita. Ele passou ainda por uma cirurgia para o preenchimento de um osso na boca. A repercussão do episódio fez com que um casal de vizinhos também recebesse dentaduras de outra clínica.

A dentista Aline Ferreira Ravison, 44 anos, foi quem procurou o morador da Ilha das Flores para implantar uma prótese nova.

— Sozinhos não conseguimos mudar o mundo. Mas, sem dúvida, foi emocionante poder fazer a diferença na vida do seu Antônio. Ajudar ao próximo nos ajuda a descobrir nossa própria relevância e nosso papel na sociedade — reflete a profissional.

Apesar de ter recomposto a dentição, sobram dissabores ao desabrigado. No começo de agosto, seu Antônio continua dormindo na barraca às margens da estrada e acordando vez por outra no meio da madrugada para afugentar os ratos que tentam a todo custo abocanhar parte de sua comida escassa. Há meses fora de casa, sem trabalho, depende da solidariedade das pessoas. De vez em quando, algum voluntário estacionava o carro e deixava alguns mantimentos, mas essas paradas foram rareando até, quando muito, se repetirem uma vez por semana.

— Às vezes, sinto fome — revela.

Quando tem o que comer, muitas vezes é uma combinação pouco nutritiva de pão e bolacha. Sente frio e, quando o tempo volta a encrespar, fica com as roupas molhadas de chuva. Para piorar, não tem rendimentos. Antes da cheia, ganhava no máximo R$ 700 por mês com a venda de sucata. Negociava principalmente fornos e micro-ondas velhos, entre outros eletrodomésticos e equipamentos. A carroça que facilitava a lida diária também foi destruída na inundação. O cavalo e uma vaca morreram.

Antônio Roberto Bombaxini, uma das tantas vítimas da catástrofe de 2024, conseguiu restaurar a dentição. Mas lhe faltam, ainda, razões para sorrir.

PROTETORA SALVA MAIS DE 700 ANIMAIS

Ao mesmo tempo em que milhares de voluntários e servidores públicos formaram um exército dedicado a salvar gente dia e noite, um grupo igualmente intrépido se lançou ao desafio de retirar todo tipo de bicho das garras da calamidade. A esgrimista e protetora dos animais Deise Falci, 44 anos, é um desses exemplos de dedicação e solidariedade. Na linha de frente das ações, resgatou mais de 700 animais nas ilhas, além de outros tantos em Eldorado do Sul e Canoas.

— Como já resgato animais há muito tempo e ajudo nas ilhas dos Marinheiros e das Flores, logo quando começou a enchente pensei: "Nossa, vou conseguir tirar aqueles bichos dos maus-tratos de lá." Eu já sabia da realidade que ninguém conhece. Esta foi minha primeira sensação. Finalmente, eu não ia precisar brigar com ninguém para pegar o cachorro tal. Já sabia que existiam aquelas vidinhas lá — afirma Deise, que tomou nos braços cães, gatos, porcos, patos e uma galinha.

Na sexta-feira, 26 de julho, quase três meses após o começo da enchente, ela se mantinha envolvida com os resgates. Somente nesse dia, salvou mais 12 animais de condições impróprias decorrentes dos impactos das semanas anteriores. De todos os que foram recolhidos, cerca de cem puderam ser devolvidos aos tutores, enquanto outros acabaram adotados.

Durante os resgates, quando os barcos atracavam carregados de animais sob o cuidado de alguns voluntários, outros auxiliares se aproximavam para ajudar a desembarcar a preciosa carga. Havia ainda quem se oferecia para abrigar os pets em lares temporários. Em último caso, foram disponibilizados espaços para cães e gatos em clubes, ginásios, praças e instituições de ensino.

Foi no bairro Progresso, em Eldorado do Sul, que a protetora viveu os momentos mais difíceis de seu voluntariado. Durante uma ação, ela chegou a um ponto onde não era mais possível avançar de barco, pois não havia profundidade suficiente. Foi preciso seguir a pé.

— Comecei a ouvir uivos. Um cachorro uivando muito. Tu via que eram as últimas forças dele. Atrás da fachada de uma casa, que não tinha outras paredes, estavam dois cachorros muito mal amarrados. Ao lado, um morto, provavelmente afogado. Os três estavam amarrados. Os dois me olharam com aquela cara de "pelo amor de Deus, a gente vai morrer aqui". Esse resgate me marcou demais, porque tive de caminhar um quilômetro e meio com eles na água pela correnteza para voltar até o barco. Nesse dia, voltei com quatro, porque não tinha como carregar mais — recorda ela, que possui mais de 500 mil seguidores no Instagram.

Os dois cães resgatados com vida dessa casa tiveram um final feliz: foram adotados por uma família de Campinas, em São Paulo. Agora, vivem em um lar espaçoso e confortável.

A médica Kelly Gelinske, 35 anos, ficou sensibilizada com tamanha mobilização. Durante a enchente, percorreu abrigos para auxiliar os acolhidos e ofereceu consultas online, em especial para voluntários que precisavam de medicamentos contra leptospirose.

Em seguida, a médica começou a visitar abrigos específicos de animais e ver o que os voluntários precisavam de doações. Houve um momento em que cães deixados para trás foram levados pela ONG Paixão de 4 Patas até o Parque Germânia, no bairro Jardim Europa. Os pets foram resgatados do Humaitá, uma das regiões mais afetadas.

No parque, a movimentação era intensa. Muitos deixavam doações, como ração, medicamentos, caminhas e roupas. Mais de 200 voluntários participaram da iniciativa. Kelly foi uma das primeiras a receber os bichos no local. Ao final do primeiro dia de trabalho, saiu de lá com uma certeza: adotaria um cão para fazer companhia para seu casal de gatos.

— Quando eu estava quase saindo, o Batata, que é o cachorro que adotei, se agarrou nas minhas pernas e tremia. Estava ficando frio, e já era noite. Na hora, peguei ele e levei para casa — conta.

Batata foi adotado sem ter alguns dentes e com a visão apenas em um olho. Também apresentava lesões pelo corpo e uma pata quebrada, além de uma fratura no esterno. Nada disso importa para Kelly.

— Os animais mudam a vida da gente. Nos ensinam a cada dia o quanto são bons, só amor e gratidão. Só dão amor para a gente. É muito bom saber que a gente pode fazer a diferença na vida e na velhice de um bichinho — acrescenta.

Com pelagem cor de caramelo queimado, Batata tem entre oito e nove anos. Foi um dos sobreviventes da maior enchente do Rio Grande do Sul. Conforme dados do Gabinete da Causa Animal, vinculado à prefeitura de Porto Alegre, mais de 12 mil bichos chegaram aos postos de resgate. Desses, 6.640 foram conduzidos para abrigos e 35% deles tinham tutores. A maior parte é originária das ilhas, de Guaíba e de Eldorado do Sul. Até agosto, havia animais em abrigos à espera de adoção.

BÚFALOS, CAPIVARAS, JACARÉ E UM CAVALO FAMOSO

O Brasil conta com cerca de 3 milhões de búfalos, dos quais 50 mil estão no Rio Grande do Sul. Em condições normais, nenhum costuma ser avistado em rios como o Jacuí ou no Guaíba. Mas, no inusitado maio de 2024, muitos desses animais precisaram ser resgatados da água ao nadar longas distâncias até a Capital e municípios vizinhos tentando se salvar da cheia. Além dessa espécie, capivaras, garças e até um jacaré se adonaram por alguns dias da metrópole convulsionada pela revolta da natureza.

Conhecidos por serem excelentes nadadores, búfalos de grande porte percorreram lonjuras expressivas empurrados pela correnteza. Presidente da Associação Gaúcha de Criadores de Búfalos (Ascribu), a veterinária Desireé Möller, 37 anos, participou de parte desses resgates incomuns. Estima-se que foram perdidos cerca de 280 animais entre a Ilha do Lage, no Delta do Jacuí, e Venâncio Aires.

— A maioria dos búfalos que para em Porto Alegre é oriunda da Ilha do Lage — comenta Desireé, que lida com esses animais há seis anos e estima em 40 o número de salvamentos feitos na Região Metropolitana.

A Empresa Pública de Transporte e Circulação (EPTC), veterinários e políticos que conhecem o trabalho dela costumam acioná-la. Na

Capital, houve resgates nas proximidades da escolinha de futebol do Grêmio localizada em frente ao BarraShoppingSul, nos arredores do Estádio Beira-Rio, na Usina do Gasômetro, perto da Arena do Grêmio e nas imediações do Aeroporto Salgado Filho. Houve salvamentos ainda perto da Ponte do Guaíba, na freeway e em Canoas.

— O búfalo nada muito bem e boia melhor do que outros animais — esclarece a veterinária, que cria alguns em sua propriedade de 200 hectares em Itapuã, em Viamão.

Os bichos eram encontrados exaustos após a luta pela sobrevivência. Precisavam ser laçados e transportados por caminhão para serem devolvidos aos proprietários. Cada um pesa entre 450 e 550 quilos em média, e a criação visa especialmente ao abate para consumo da carne e à produção de leite e queijo.

— Teve um búfalo que parou na Usina do Gasômetro e saiu correndo. Chegou em terra firme e teve um monte de gente gritando. É estressante para eles — lembra.

Nem toda história teve final feliz:

— Uma búfala apareceu em frente a uma igreja em Guaíba. O pessoal colocou em um reboque, levou para o Centro de Tradições Gaúchas (CTG) e carneou. Não é legal. Carnear o animal que é de alguém é o mesmo que saquear uma loja.

A veterinária comoveu-se em diversos outros momentos.

— Fazer os resgates não foi só gratificante. Foi muito mais do que isso. Vem uma explosão de felicidade muito grande. Salvar vidas é indescritível — descreve Desireé.

Búfalos nadando pelos rios do Rio Grande do Sul e aparecendo em outras localidades não chega a ser algo inédito. Em 8 de setembro de 2023, uma fêmea teria sido arrastada por mais de cem quilômetros pela enchente do Rio Taquari. O espécime, de um criador do interior de Venâncio Aires, foi resgatado na Ilha da Pintada no dia 20 do mesmo mês.

— Abri o porta-malas do carro, peguei uma corda e saí laçando. Ela correu para o outro lado e se atirou dentro do Arroio da Pintada. Pensei que não poderia deixar o bicho morrer. Peguei o barco e saí com a lanterna clareando para ver se a achava. Encontrei perto do cemitério, já atravessando, tentando subir de novo nadando, nisso eu amarrei no barco e reboquei ela — disse ao jornal Zero Hora o morador da ilha Juan Felipe Ramos Lima, então com 25 anos, que cuidou do animal até encontrar o dono.

A operação para recolher o bubalino e levá-lo de volta à propriedade em Vila Mariante envolveu 10 pessoas. O grupo utilizou um reboque puxado com o auxílio de trator. Foi preciso oferecer feno e despender 40 minutos de esforço incessante até colocar a búfala no veículo. Por meio da etiqueta de identificação na orelha, foi possível encontrar o proprietário e devolvê-la em segurança.

Com o habitat alterado pela enchente, outras espécies começaram a ser flagradas em pontos urbanos densamente ocupados. Um grupo com mais de 10 garças foi avistado e gravado na Avenida Praia de Belas no dia 27 de maio. As aves, andando de forma plácida dentro da via alagada, capturavam peixes com o bico no local onde, geralmente, passam carros em alta velocidade.

Além do jacaré observado no bairro Menino Deus, uma capivara foi visualizada às margens do Arroio Dilúvio, na Avenida Ipiranga. No dia 9 de maio, um boi passou correndo assustado em meio aos veículos entre os quilômetros 78 e 79 na freeway, no sentido Porto Alegre-Gravataí. Caminhões passavam e buzinavam, aumentando o nervosismo do animal, tão confuso quanto boa parte da população humana com os efeitos da chuvarada inédita.

Se a presença de animais em locais improváveis foi uma das indicações mais claras do quanto a vida estava apartada da rotina, um outro bicho se transformou em símbolo da resiliência gaúcha. Sua figura decoraria, semanas depois, o Muro da Mauá, no Centro Histórico de Porto Alegre, em um painel inaugurado com pompa.

O cavalo batizado pela afeição popular de Caramelo teria passado ao menos quatro dias de pé em cima de um telhado à espera de resgate, no bairro Mathias Velho, no município vizinho de Canoas. As imagens dele se sustentando sobre patas já frágeis, sozinho e circundado pela água rodaram o mundo, abriram programas de televisão e estamparam capas de revistas e jornais. O drama individual de um bicho que espelha a ligação do gaúcho com sua terra natal representou a tragédia enfrentada por todo o estado.

Por isso, sob os olhos do país, tornou-se uma questão de honra para as autoridades tirar o cavalo de lá. O fato teve ampla repercussão nas redes sociais. A primeira-dama, Janja da Silva, e o influenciador Felipe Neto se manifestaram para resgatá-lo. A remoção foi realizada por integrantes do Corpo de Bombeiros de São Paulo acompanhados de veterinários de Sorocaba em uma intrincada operação no dia 9 de maio. Foram necessários um barco a motor e um bote, além de outras embarcações conduzidas por voluntários que acompanharam os militares.

O plano para resgatar Caramelo começou a se desenrolar ainda no dia anterior. Conforme recorda o capitão do Corpo de Bombeiros de São Paulo, Tiago Régis Franco de Almeida, 42 anos, na noite de 8 de maio os militares retornaram de salvamentos realizados em Eldorado do Sul. Reunidos em sua base na Capital, ficaram sabendo por meio de conversas com veterinários da história do cavalo em cima de um telhado, em Canoas. Após o jantar, todos passaram a avaliar as possibilidades de salvá-lo.

Foram discutidas três estratégias. A primeira seria içar Caramelo com auxílio de um helicóptero. Porém, as duas aeronaves cogitadas para a ação estariam envolvidas em outros salvamentos. A segunda alternativa seria os bombeiros e veterinários nadarem ao lado do animal. Como ele estava muito debilitado pelas longas horas sem se alimentar, a ideia foi deixada de lado. A terceira opção foi a escolhida: sedar o cavalo e adaptar um bote para colocá-lo deitado e transportá-lo em segurança até a parte seca, distante cerca de quatro quilômetros de onde se encontrava. O capitão do Corpo de Bombeiros conta que o bote utilizado no resgate havia sido submetido a um teste no passado, quando suportou o peso de 17 bombeiros. Ou seja, deveria aguentar o peso do equino.

Às 7 horas do dia 9 de maio, a equipe de resgatistas partiu da Capital em direção ao viaduto do bairro Mathias Velho, onde ficavam concentradas as forças de salvamento. O trajeto teve desafios: a navegação foi lenta e difícil, pois em algumas partes a água estava mais rasa. Isso obrigou os militares a deixar os barcos e andar até pontos mais profundos, onde era preciso subir nos barcos novamente. Esse deslocamento durou uma hora e meia. Também não havia certeza de onde Caramelo se encontrava. Em uma primeira tentativa, os bombeiros chegaram aonde imaginavam que iriam achá-lo, e ele não estava lá. Nesse momento, a decisão de se aproximar de uma área onde dois helicópteros sobrevoavam acabou se mostrando acertada. Era a última rua do bairro, situada à direita de onde estavam as embarcações. Lá, havia quatro pessoas ilhadas em cima da laje de uma residência. Os moradores apontaram para o local onde estaria Caramelo.

Os militares seguiram as novas instruções e finalmente encontraram o animal, que estava calmo e permitiu a aproximação dos resgatistas. O receio era de que se assustasse, caísse na água e viesse a se afogar. Também havia o temor de que o telhado cedesse e todos afundassem juntos. Naquele ponto, a água estava a quatro metros de altura. Foram colocadas no cavalo três boias utilizadas em salvamentos de pessoas, chamadas flutuadores — uma em torno do pescoço e outras duas em volta do tórax. Assim, caso ocorresse algum problema como a embarcação furar, ele ainda poderia ser retirado para a margem.

Em seguida, começou a operação de sedação. Foram aplicadas duas injeções perto do pescoço. Na primeira, o animal já começou a cambalear por estar muito debilitado. Foi deitado e colocado no bote. Oito pessoas chegaram a participar da operação em cima do telhado. Quatro resgatistas o acompanharam no trajeto de volta, que seria realizado por outro caminho com cerca de seis quilômetros de extensão. Um helicóptero transmitia o salvamento ao vivo para um canal de TV, e os espectadores podiam observar uma bolsa de anestésico sendo segurada por um dos socorristas. A viagem de volta levou uma hora.

Quando a equipe chegou de volta ao viaduto, todos foram recebidos com palmas e gritos. Caramelo foi colocado, ainda deitado sobre a embarcação, em uma carreta e transportado até um outro caminhão de grande porte da Cavalaria da Brigada Militar. O cavalo, sedado e utilizando o bote como uma espécie de maca de grande porte, foi conduzido assim ao Hospital Veterinário da Universidade Luterana do Brasil (Ulbra), onde chegou alquebrado e desidratado, mas vivo. A ação bem-sucedida foi festejada Brasil afora.

– O animal era tranquilo, o que ajudou bastante a gente. Fazer parte de tudo isso foi muito enriquecedor, ficamos felizes e orgulhosos – reflete o capitão Tiago Régis Franco de Almeida.

Aos poucos, Caramelo recuperou a saúde e reforçou o status de celebridade. Segundo a Ulbra, pelo menos 11 pessoas se apresentaram no hospital veterinário dizendo-se proprietárias dele, mas nenhuma conseguiu comprovar o vínculo. Até a publicação deste livro, permanecia na instituição hospitalar, já restabelecido do calvário transmitido em tempo real. A Ulbra tinha planos de construir um memorial no local para lembrar de forma permanente os resgates em Canoas. Centenas de flagelados ficaram abrigados temporariamente na universidade. Caramelo seria retratado com uma estátua.

A médica veterinária residente do Hospital Veterinário da Ulbra Louise Maciel Fernandes, 27 anos, acompanha a evolução do paciente famoso. Ela relata que o cavalo de coloração "tostada" chegou com 270 quilos, desidratado e com um pouco de anemia. Precisou receber soro, reposição eletrolítica e tomar suplemento durante muito tempo para recuperar o peso. Também passou por casqueamento (procedimento nos cascos), tratamento dentário, exames de sangue, de anemia e de mormo (doença infecciosa que acomete equídeos podendo também afetar humanos), além de ter sido vacinado.

O animal não castrado ainda recebeu um microchip de identificação e se alimenta de alfafa, pasto e ração. Gosta de comer bananas e se incomoda um pouco com a aproximação constante das pessoas em busca de fotos e selfies. Sem raça definida, tem cerca de 1m35cm de altura e já ganhou mais de 50 quilos desde que está na Ulbra.

– Trabalhar nessa frente das enchentes, em especial com o Caramelo, a única palavra que eu teria para descrever é um grande privilégio – orgulha-se a médica veterinária.

Caramelo foi retratado por artistas em quadros, grafites em muros e até em letra de música. Uma pintura do cavalo sobre o telhado foi leiloada por R$ 130 mil com o objetivo de ajudar quem padeceu sob as tormentas. No dia 25 de julho, um painel de 48 metros de extensão foi inaugurado no Muro do Cais Mauá, no centro da Capital, retratando a figura folclórica do Negrinho do Pastoreio montada sobre o Caramelo. Uma ação promocional rebatizou o paredão como "Muro dos Pedidos", onde velas são oferecidas em troca de uma graça alcançada, retomando a tradição oral segundo a qual o Negrinho do Pastoreio ajuda pessoas a encontrar objetos perdidos. Ao lado do desenho do menino e do cavalo, uma frase diz "Acendo essa vela para ti e peço que me devolvas a querência que eu perdi".

Caramelo ainda receberia outras homenagens. Em 30 de agosto, participou do desfile dos campeões da Expointer, feira agropecuária realizada no Parque de Exposições Assis Brasil, em Esteio. O animal vestia uma capa roxa e foi aplaudido pelos visitantes. Em 7 de setembro, esteve presente na solenidade de acendimento da Chama Crioula no Acampamento Farroupilha, no Parque Maurício Sirotsky Sobrinho, conhecido como Harmonia. Outra vez, foi ovacionado como símbolo maior da resiliência gaúcha durante a tragédia climática.

1941 OUTRA VEZ ALFREDO SOBREVIVEU A DUAS CALAMIDADES

Na célebre fotografia em preto e branco, se vê o Mercado Público ao fundo e, à direita, o antigo prédio das lojas Guaspari. No alto, despontam o topo dos postes de iluminação e os cabos dos antigos bondes que ainda rodavam pela Capital. O que se enxerga em primeiro plano, porém, não deveria estar ali: uma embarcação de médio porte singra pela Avenida Borges de Medeiros como se a via fosse um canal. A poucos metros, cinco homens andam com água pelos joelhos, e dois botes circulam espetando os remos em um Guaíba fora do lugar.

Essa imagem, que estampa as capas de uma edição histórica da Revista do Globo e de um livro escrito pelo jornalista gaúcho Rafael Guimaraens, simboliza o cenário irreal com que a cidade deparou ao longo de uma enchente de 22 dias entre abril e maio de 1941.

Em muitos aspectos, a tragédia que acomete a Capital em 2024 ecoa essa outra vivenciada pelos porto-alegrenses 83 anos antes, quando não existia qualquer estrutura de contenção. Os dois fenômenos ocorreram em um período similar do ano, desalojaram grande parte da população e submeteram outro tanto à falta de luz e de água por dias a fio. Da mesma forma, suspenderam voos no aeroporto (que no passado ficava no bairro São João) e castigaram com especial crueldade a zona norte do município à mercê da maré doce.

Uma das pouquíssimas pessoas a ter sobrevivido às duas calamidades é o policial civil aposentado Alfredo de Souza Lima, que completou 99 anos no dia em que conseguiu voltar para sua casa localizada na Rua Monsenhor Felipe Diehl, bairro Humaitá, em 30 de maio de 2024. Quase um mês antes, no dia 3, quando o Guaíba havia começado a reivindicar ruas e avenidas para si, precisou sair às pressas da residência de alvenaria pintada de amarelo vivo.

A filha com quem mora, a pedagoga especializada em Recursos Humanos Suzana de Souza Lima, 73 anos, recém cruzara pelo portão da frente para averiguar como estava o cenário da vizinhança no meio da tarde diante da inundação iminente. Mal pousou o pé na calçada e deu meia-volta: o Guaíba, normalmente distante 870 metros de onde vivem, dobrara a esquina com a rua Simão Kappel em sua direção.

— Arrumamos algumas coisas e fomos para a casa da vizinha, que tem um segundo piso. Em questão de uma hora, a água já estava batendo na nossa porta — recorda Suzana.

Pouco tempo antes, a comporta número 14, localizada nas proximidades da Avenida Sertório, não muito longe dali, havia sido rompida pela violência da enxurrada. Deixam para trás a coleção de DVDs de filmes de faroeste protagonizados por estrelas como John Wayne e Tyrone Power que Alfredo não se cansava de assistir, documentos, fotos de família, pilhas de papéis e certificados que registram o histórico profissional de pai e filha, além de móveis, fogão, geladeira, tudo o que haviam acumulado ao longo de décadas.

— Se foi tudo, não sobrou nada. Em 1941, não perdi tanta coisa porque não tínhamos muita coisa mesmo. Mas tivemos de sair de casa também — reconta o aposentado, que vivia então com duas irmãs na Avenida Pará, próximo ao limite entre os bairros São Geraldo e Navegantes.

Com 15 anos, Alfredo primeiro se refugiou com as duas familiares em uma vizinha e, logo em seguida, precisou subir em um carroção (carroça de grande porte, de tração animal, geralmente usada para conduzir pessoas) a fim de escapar rumo à moradia de conhecidos nos altos do bairro Cristo Redentor. De lá, na companhia do noivo de uma delas,

Euclides, passou a atuar como voluntário retirando outros flagelados e auxiliando comerciantes desesperados a recolher estoques preservados do interior das lojas.

— A gente tinha um caíco *(pequeno barco de pesca)* de madeira, e saía muito pra ajudar — relembra.

Ao prestar auxílio a um negociante de roupas nas imediações do Mercado Público, chegou a temer pela própria vida:

— Em um determinado ponto, a correnteza era muito, muito forte — conta.

Mas foi em outra dessas incursões que o perigo se mostrou mais aterrorizante. Correu risco de se afogar.

— Três homens em um sobrado na Avenida Amazonas pediram que a gente levasse eles até a esquina da Avenida Benjamin Constant com a Brasil. Eu usava uma vara que encostava no chão pra empurrar o caíco pra frente. Mas prendeu em alguma coisa, eu perdi o equilíbrio e acabei caindo — rememora.

Euclides orientou os três passageiros a se manterem imóveis, para evitar o risco de a embarcação virar, enquanto puxava o adolescente de volta à segurança. Apesar da experiência traumática, manteve a rotina de prestar auxílio.

— Me salvei. Ficando vivo, está tudo bem — resume.

Naquele período, os porto-alegrenses somavam 272 mil moradores que viviam, de acordo com o livro *A Enchente de 41*, de Guimaraens, em 50 mil imóveis — dos quais mais da metade eram de madeira. Com as regiões mais baixas situadas apenas 3 metros acima do nível do mar, a população estava habituada a conviver com avanços regulares do lago, mas nada parecido com o que viram daquela vez.

Houvera recorrências em 1824, 1873, 1914, 1926, 1928 e 1936, quase sempre entre os meses de setembro e outubro. Por isso, a repetição periódica da elevação das águas chegou a receber a denominação popular de "cheias de São Miguel", em referência ao arcanjo celebrado no dia 29 de setembro. O episódio seguinte romperia com a tradição meteorológica e apresentaria à população um comportamento inédito e aterrorizante do velho Guaíba.

A elevação do lago em 1941 foi resultado de pouco mais de três semanas de chuva sobre extensas áreas do Rio Grande do Sul que escoam em direção à Capital. Da mesma forma como agora, o aguaceiro seguiu viagem provocando estragos ao longo do caminho: as cidades de Carazinho, Santa Maria, Gravataí, Novo Hamburgo e muitas outras sentiram primeiro os efeitos da intempérie.

Em 22 de abril, uma terça-feira, uma ruidosa tempestade escureceu o céu e descarregou o volume jamais documentado até então de 115,2 milímetros em um único dia sobre Porto Alegre. Esse aguaceiro, somado ao fluxo que era despejado desde outras partes do estado por afluentes, começou a apoderar-se de ruas, prédios e a desalojar moradores em diferentes bairros. O Rio Gravataí e vários arroios transbordaram, ao norte, e o lago iniciou a tomada da orla e dos seus arredores.

No dia 5 de maio, uma segunda-feira, "As águas subiram a Rua General Câmara e alcançaram a Rua da Praia em seu ponto mais baixo, o Largo dos Medeiros, invadindo o Restaurante Mário, o térreo do Café Colombo, o Cinema Central e, a seguir, todo o comércio local. Restaurantes, bares, cinemas e bancos iam fechando as portas. Automóveis disparavam pela pista úmida. Os bondes sumiam da Rua da Praia", relata Guimaraens em sua obra.

No mesmo dia, o então presidente Getúlio Vargas enviou um telegrama ao seu estado de origem prometendo que o governo federal estava *"pronto a colaborar com essa interventoria* (como se chamavam as regiões sob gestão de interventores nomeados por Vargas) *nas providências de proteção e assistência em favor das vítimas da calamidade que atinge esse Estado de forma tão consternadora, acarretando enormes prejuízos a sua vida econômica e financeira e perturbando a tranquilidade de seus habitantes (...)."*

Na Zona Norte, indústrias como A.J Renner, Gerdau e Fiação Porto-alegrense foram forçadas a interromper as atividades. Dois dias depois, as águas penetraram pela Ponta do Gasômetro e ameaçaram invadir a usina que garantia energia elétrica à população. Em uma ação emergencial, começou a ser erguido um muro de tijolos duplos para proteger equipamentos essenciais, como as caldeiras. O esforço foi inútil.

Por volta das 20h de quarta-feira, dia 8, quando a inundação já alcançara cerca de 1m50cm de altura e se apossara de caldeiras, bombas de alimentação e britadeiras de carvão, as luzes de Porto Alegre se apagaram. A principal cidade gaúcha mergulhou na escuridão. Para romper o breu, o Exército cedeu meia centena de lâmpadas de acampamento, enquanto a falta de abastecimento de água era remediada pela ação do Corpo de Bombeiros.

Naquele 8 de maio (apenas três dias à frente do ápice da enchente de 2024), o Guaíba alcançou a histórica marca de 4m76cm, agora superada. Mas, graças ao trabalho de quase 200 pessoas, no final da tarde, duas das oito bombas do Gasômetro foram isoladas do alagamento, receberam 200 metros cúbicos de lenha e voltaram a energizar pontos como a Caixa d'Água, o Palácio Piratini e alguns bairros vizinhos.

Enquanto isso, a circulação de boa parte dos moradores dependia de canoas e barcos transferidos dos rios para o Centro. Segundo Guimaraens, barqueiros em busca de uns trocados criaram "linhas" de transporte fluvial para diferentes pontos, em sua maioria na Zona Norte: "O barco Flor do Encantado partia do Grande Hotel, na esquina da Rua da Praia com a Paysandu (atual Caldas Júnior), seguia através da Praça da Alfândega e Rua Sete de Setembro, passava diante da prefeitura, atravessava o Largo do Mercado até o Novo Hotel Jung, na esquina da Marechal Floriano com Otávio Rocha".

O jovem Alfredo também aproveitou o interesse de alguns moradores das ruas secas em testemunhar em primeira mão a devastação ao redor para faturar algum dinheiro. Quando enchia o barco de curiosos, e não de vítimas, cobrava passagem.

— Era principalmente gente das ruas altas do Centro. Aí era um passeio. Me dava algum troquinho, sempre ajuda, né — afirma, entre risos.

A mesma Avenida Borges de Medeiros ilustrada na foto histórica estampada na capa da Revista do Globo era o principal atracadouro do município, nas proximidades da esquina com a José Montaury e quase em frente ao prédio da Guaspari.

Na segunda vez em que testemunha o mesmo trauma urbano, Alfredo permanece, com a filha Suzana, por três dias no sobrado de uma vizinha na Rua Monsenhor Felipe Diehl. Durante a estadia, ficam sem luz e água. A filha do casal de anfitriões sai à rua com a água acima da cintura e se arrisca subindo ao teto de uma casa localizada nos fundos do terreno do idoso. Ali, abre a tampa da caixa d'água e enche garrafões para terem o que beber. Com o passar das horas, a comida escasseia, e a bateria dos celulares morre.

No dia 6, a segunda-feira em que os bairros Menino Deus e Cidade Baixa também naufragam, Suzana decide pedir socorro aos resgatistas que circulam a todo momento pelas vias próximas. Acolhem pai e filha na embarcação e os conduzem até um abrigo no bairro Bom Jesus.

Naquele local, Alfredo precisa dormir no chão como outras dezenas de desafortunados. Penalizados com a situação do aposentado, outros desabrigados reúnem mais alguns colchões disponíveis e fazem um suporte mais alto e confortável para o sobrevivente de duas cheias. Algum tempo depois, conseguem uma cama de verdade para ele. Mais uma vez longe de casa após tanto tempo, é o idoso quem conforta a filha nas noites intermináveis no refúgio.

— O importante é sair vivo disso, Suzana. Nós vamos nos reconstruir — sussurra para a pedagoga.

Grande parte do desassossego dela vinha do fato de estar em um alojamento público, sem possibilidade de chegar à casa de familiares ilhados, com o pai beirando um século de vida. Alfredo se locomove sozinho, mas com dificuldades, e quase sempre precisa de um andador.

— Imagina estar numa situação dessas com uma pessoa de quase cem anos, que às vezes precisava até ser carregada. Mesmo assim, se preocupava mais comigo do que com ele mesmo. É uma pessoa muito sensata, tentava me dar força o tempo todo — rememora Suzana.

Em 17 de maio, depois de 11 dias contando cada minuto para sair do abrigo, conseguem se deslocar à casa do amigo de um vizinho em Viamão. Após mais dois dias, partem novamente para ficar com um filho de Suzana em Cachoeirinha. A pedagoga se abriga com uma filha a partir de 7 de junho, em Porto Alegre, para abreviar o deslocamento ao seu endereço no Humaitá e intensificar o processo de limpeza. De todos os pertences que havia no terreno, salvam-se apenas algumas cadeiras de plástico que ficavam no quintal e um conjunto de pequenas esculturas sacras.

— Todos os dias, eu tinha o hábito de agradecer aos anjos e pedir proteção. Perdemos praticamente tudo, mas, achamos as imagens de um anjo, de José e de Maria com o Menino Jesus no colo intactas — surpreende-se a pedagoga.

A missão de Suzana, durante os dias seguintes, é fazer o possível para deixar a casa minimamente habitável até o aniversário do pai. Cumpre o objetivo. No dia 30, voltam para a Rua Felipe Diehl, agora enxuta. Como a cozinha ainda não oferece boas condições de uso, um amigo do bairro providencia um bolo para celebrar os 99 anos do homem que enfrentou os dois maiores desafios já registrados na metrópole.

— Escapei de duas pandemias nos últimos anos também — acrescenta Alfredo.

Ao final da terrível e distante enchente de 1941, 15 mil casas ficaram submersas, desalojando 70 mil porto-alegrenses. Seria a pior catástrofe a atingir a Capital até o dia 3 de maio de 2024, quando o policial civil aposentado mostraria mais uma vez sua capacidade de resistir aos desafios impostos pela vida.

No dia seguinte à celebração dos 99 anos de Alfredo de Souza Lima, a cidade inteira, como um corpo recém-redivivo, ia se reerguendo aos poucos e sacudindo dos ombros as marcas da fatalidade. Naquela sexta-feira, 31 de maio, o Guaíba voltou a ficar abaixo da linha do Cais Mauá pela primeira vez em quase um mês.

Nas semanas seguintes, população e autoridades passaram a enfrentar outros tipos de desafios: reconstruir prédios e equipamentos públicos danificados, reabrir escolas e unidades de saúde e remover um volume jamais visto de entulhos de ruas e avenidas onde a água foi substituída pelo lixo.

Um repique de alagamentos provocado pelo retorno das tormentas no dia 23 de maio havia interrompido o serviço de limpeza, arrastado rejeitos pelas sarjetas e revivido o trauma de milhares de porto-alegrenses.

Com o Guaíba elevado e a canalização de drenagem repleta de barro, inúmeros bairros, como Menino Deus, Cidade Baixa, Santana, Centro, São Geraldo, Restinga e Floresta, submergiram parcialmente durante algumas horas.

Até a primeira metade de julho, haviam sido recolhidas 98.190 toneladas de resíduos pós-enchente (peso equivalente ao de 65 mil automóveis de médio porte), geralmente dispostos como pequenos montes irregulares e indistintos de móveis inchados de umidade, pertences pessoais imundos, roupas imprestáveis e lembranças de valor afetivo perdidas para sempre.

Os restos materiais do pesadelo de 2024 seguiam inicialmente para pontos de acúmulo temporários, os chamados bota-espera, e posteriormente para aterros em Gravataí e, em um segundo momento, em Minas do Leão.

Sob uma enorme bandeira do Rio Grande do Sul estendida no centro do terminal, a Estação Rodoviária recomeçou a operar no início da manhã de 7 de junho. Às 7h11min, o primeiro ônibus partiu em direção ao Litoral Norte sob aplausos de passageiros e acompanhantes. Em 18 de junho, o Mercado Público retomou as atividades nos dois pisos.

No dia 7 de julho, o Beira-Rio recebeu outra vez a torcida vermelha para assistir aos jogos do Sport Club Internacional, e o Grêmio marcou seu retorno à Arena para o começo de setembro. O Aeroporto retomou os procedimentos de check-in e embarque de passageiros na metade de julho, para decolagem ainda na Base Aérea de Canoas, e programou a retomada dos voos para 21 de outubro.

Em 18 de agosto, o painel digital de Monitoramento de Abrigos e Eventos Adversos marcava a permanência de 533 desabrigados na Capital, em 10 unidades provisórias e em um dos três Centros Humanitários de Acolhimento erguidos em parceria pelo Piratini e pela iniciativa privada em Canoas e Porto Alegre. Para esses locais foram encaminhadas as vítimas mais fragilizadas e com menor perspectiva de terem um local digno para morar em um curto prazo.

Iniciativas dos governos estadual e federal prometeram recursos da ordem de pelo menos R$ 7,3 bilhões em ações preventivas e obras de reforço na infraestrutura de proteção que não resistiu ao primeiro teste de sua história. As medidas incluem desassoreamento de rios, melhorias nas casas de bombas para blindá-las de futuros aguaceiros, no Muro da Mauá e em seus portões de metal sem vedação, e reforço e elevação dos diques sobrepujados.

À espera do cumprimento dos anúncios, o povo retornou às ruas do Centro Histórico e lhe devolveu a balbúrdia das buzinas e dos motores. Pelas comportas do muro de concreto e através dos espaços entre os armazéns históricos, nas áreas de convivência da orla revitalizada, nas calçadas e ciclovias da Zona Sul, os porto-alegrenses voltaram a observar o lago a deslizar calmamente sobre seu leito em direção ao oceano distante.

Até quando a metrópole, o Guaíba e os rios que lhe abastecem vão manter a relação pacífica rompida no fatídico 3 de maio de 2024, ninguém mais ousa prever.

MAPA DAS ÁREAS INUNDADAS NA REGIÃO DA CAPITAL

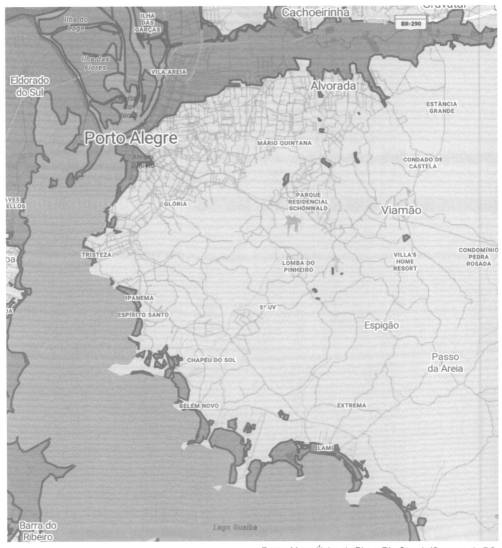

Fonte: Mapa Único do Plano Rio Grande/Governo do RS.

POSFÁCIO
Por Jaqueline Sordi
Jornalista, ambientalista e bióloga

"O futuro já chegou em Porto Alegre", esbravejou um senhor calvo que recém saíra do barco de resgate estacionado em um ponto de desembarque na Zona Norte de Porto Alegre. Poucos minutos antes, havia deixado sua casa a nado para alcançar o veículo que viera salvá-lo. Poucos minutos depois, a residência em que vivia há mais de duas décadas, próxima à Arena do Grêmio, estaria completamente submersa. Era 6 de maio, e a capital gaúcha já vivia o terceiro dia da pior enchente de sua história. Eu estava naquele local, embaixo de um viaduto do bairro Farrapos, com a missão de fazer a cobertura do trágico evento que afundava a minha cidade natal, quando as palavras daquele senhor chegaram aos meus ouvidos. Não me causaram estranhamento, apesar de destoarem de tantas outras vozes, choros e gritos que se espalhavam pelo local. Jornalista ambiental há mais de uma década, logo entendi que ele estava relacionando aquele evento trágico à crise climática causada pelo aquecimento global. A mesma crise à qual, até pouco tempo, especialistas, imprensa e líderes globais se referiam como uma ameaça ao futuro — mas que já são obrigados a encarar como uma ameaça ao agora.

Porto Alegre e o Rio Grande do Sul se somavam, naquele momento, a tantos outros locais do planeta recentemente atingidos por eventos climáticos extremos, que estão cada vez mais intensos e mais frequentes em um mundo mais quente. Poucos meses antes, a Amazônia registrava a maior seca dos últimos 40 anos, o Pantanal sofria a pior queimada de sua história, países asiáticos eram atingidos por tempestades devastadoras e ondas de calor extremas se disseminavam pela Europa e pelos Estados Unidos. Por isso, esperei o homem se secar minimamente, me aproximei dele e sussurrei: "chegou não só em Porto Alegre, senhor. O futuro chegou em todo nosso planeta." Ele tentou esboçar um sorriso de complacência no canto do rosto, mas logo foi distraído pelo chamado da esposa, que chegava em outro barco com os três filhos, todos a salvo. Um final, digamos, feliz, em meio ao caos.

A frase daquele senhor me fez refletir nos dias e meses seguintes sobre o que, efetivamente, acontecia em minha cidade. E mais: sobre por que era tão difícil, para mim e para os milhares de porto-alegrenses, entender, de fato, como nossa cidade estava submergindo diante de nossos impotentes olhares. Enquanto a água avançava e o pensamento era distraído sistematicamente pelos helicópteros que sobrevoavam a Capital, tentei juntar as peças do quebra-cabeça que moldava aquela tragédia.

O nosso assombro ao presenciar o avanço do lago sobre a cidade se deu porque somos natureza, mas já faz um bom tempo que esquecemos disso. Há décadas, estamos imersos em uma sociedade que nos coloca como observadores externos do meio em que vivemos. A consolidação do capitalismo moderno no século XIX, pautado na economia de mercado, condicionou a nossa visão sobre a natureza como mero recurso. Passamos a relacionar a ideia de desenvolvimento com a de dominação, entendendo que, para evoluir, era preciso se separar da natureza para, por fim, explorá-la. Foi com essa mentalidade que construímos grandes cidades, avançamos sobre áreas antes preservadas, perfuramos a terra e erguemos indústrias milionárias. Aproveitamos o privilégio do clima estável do Holoceno para queimar petróleo, gás e carvão de forma irresponsável, para cultivar monoculturas e derrubar florestas — um modelo de sociedade que logo se mostrou insustentável.

Há exatos 50 anos, em 1974, o gaúcho José Lutzenberger (1926-2002), um dos maiores ambientalistas do país, escrevia um texto alertando que estávamos, literalmente, consumindo o nosso futuro. Ele denunciava como a violência dos homens contra os biomas gaúchos estava agravando uma série de enchentes que assolavam, então, o Rio Grande do Sul. Recentemente, quando as águas do Guaíba inundaram a Capital, Lara Lutzenberger, sua filha, compartilhou as reflexões do pai para mostrar que a atual tragédia não deveria ter nos pego, afinal, tão de surpresa assim.

A Porto Alegre que colapsou faz parte de um planeta que está mais quente — algo em torno de 1,2ºC acima da temperatura média na era pré-industrial. Parece pouco, mas não é. Uma analogia interessante é comparar o planeta ao corpo humano. A temperatura ideal para o funcionamento do nosso organismo é de algo entre 36,5ºC e 37ºC. Se estamos saudáveis, quando passamos um ou dois dias febris, logo nos recuperamos. Mas se essa condição febril passa a ser constante, e se a tendência for que ela aumente a cada ano, é provável que nossos órgãos comecem a apresentar dificuldades para funcionar normalmente. Logo, o corpo colapsa. Podemos dizer que acontece algo semelhante com o planeta.

O aumento sistemático e persistente da temperatura global vem afetando diversos processos climáticos, como o derretimento de calotas polares, alterações nos padrões de ventos e das correntes oceânicas, absorção de calor pelo solo e a intensificação da evaporação. Quanto mais quente a atmosfera, dizem os climatologistas, maior sua capacidade de reter umidade — e o vapor d'água vira combustível para tempestades severas e concentradas. Mas ao alterar as correntes de ar, o aquecimento também faz com que determinados locais sofram secas intensas e longas, tornando insustentável a sobrevivência de muitos ecossistemas.

Em outros, gera ondas de calor extremo que matam espécies, inclusive a humana, e resultam em incêndios de grande magnitude. O mais recente relatório publicado pelo Painel Intergovernamental de Mudanças Climáticas (IPCC) — que é o grupo de cientistas estabelecido pelas Nações Unidas para monitorar e assessorar toda a ciência global relacionada ao tema — já comprovou que a frequência e a intensidade desses eventos (tempestades, furacões, estiagens longas, entre outros) estão maiores em um mundo mais quente. Esse mesmo painel já mostrou que há vários estudos indicando uma relação entre as fortes chuvas observadas desde a década de 1950 na região chamada de Sudeste da América do Sul, que engloba o Rio Grande do Sul, e as alterações climáticas provocadas pela ação humana.

Ainda, há nove anos, o relatório do Painel Brasileiro de Mudanças Climáticas, elaborado por cientistas brasileiros, já previa tempestades mais extremas no sul do país e secas prolongadas no norte por causa das alterações climáticas. Os avisos sobre essa tendência não pararam por aí. Um levantamento do Instituto Nacional de Meteorologia (Inmet), mostrou que o número de dias com extremos de precipitação (acima de 50 milímetros) aumentou em Porto Alegre a cada década desde os anos 1960. Foram 29 dias, entre 1961 e 1970; 44 dias entre 2001 e 2010 e 66 dias entre 2011 e 2020.

Assim como em qualquer fenômeno da natureza, a proporção catastrófica que a enchente de 2024 tomou não pode ser atribuída somente a uma causa. Ela é consequência de uma combinação de fatores entrelaçados e interconectados. A geografia é um deles. O Rio Grande do Sul já é bastante vulnerável a eventos climáticos intensos por estar localizado em um ponto de encontro de sistemas tropicais e sistemas polares, isto é, da entrada de ondas de ar quente e de ar frio. Soma-se a isso o fato de que, em maio de 2024, estávamos sob a influência do El Niño, evento climático que ocorre em média a cada três ou cinco anos, quando as águas do Pacífico, próximo à linha do Equador, passam por um aquecimento acima do normal alterando as correntes de ventos e intensificando as chuvas no sul do país.

Entre o final de abril e o início de maio, nuvens bastante carregadas, que deveriam espalhar chuva para outras regiões do país, ficaram bloqueadas no estado, despejando água durante vários dias em um solo que já não tinha condições de receber tamanha precipitação. E aí entra outro fator importante para o quebra-cabeça dessa tragédia. Por causa da sistemática degradação dos biomas, o solo gaúcho já havia perdido parte de sua capacidade natural de infiltrar água da chuva, um processo que reduz a quantidade que flui diretamente aos leitos dos rios. O acompanhamento histórico de imagens de satélite do território gaúcho mostra que o Rio Grande do Sul perdeu, entre 1985 e 2022, 22% de toda sua vegetação nativa. Nesse período, florestas, campos, áreas pantanosas e outras formas de vegetação nativa foram dando lugar a lavouras de soja, silvicultura e áreas urbanizadas — que possuem um solo bem menos permeável.

A perda dessa vegetação nativa, apontam os dados, atingiu o estado como um todo, mas quase um terço dela se deu na bacia hidrográfica do Guaíba, local que recebe a água dos cinco principais rios que descem de pontos mais altos do estado: Taquari-Antas, Gravataí, Sinos, Caí e Jacuí. Em condições normais, quando essas águas chegam ao lago que banha a Capital, elas seguem para a Lagoa dos Patos e de lá escoam para o Oceano Atlântico, sem invadir a cidade. Esse escoamento, que já é estreito em condições normais, ficou prejudicado durante a enchente de 2024 porque os ventos fortes que estavam atingindo o Rio Grande do Sul fizeram o oceano "crescer", subindo o nível em até 2 metros em alguns locais, deixando-o mais alto que o nível de escoamento e impedindo que o excesso de água fosse despejado no mar. Esse complexo conjunto de fatores levou o nível do Guaíba a subir, subir, até atingir a marca histórica de 5m37cm.

E foi então que a água deparou com uma cidade e uma população despreparadas para recebê-la. Porto Alegre possui uma geografia complexa. De um lado é circundada por cerca de 40 morros, e do outro é limitada pela orla do lago Guaíba. Seu território é composto, em grande parte, por áreas planas que ficam a poucos metros do nível do mar. Há regiões, como a Zona Norte, onde fica o Aeroporto Internacional Salgado Filho, em que o nível é ainda mais baixo. Desde o século 19, a cidade avançou sobre o Guaíba com a construção de aterros suscetíveis a alagamento. Tudo isso foi deixando a capital dos gaúchos mais vulnerável a enchentes, como a que atingiu a cidade em 1941. Aí vieram o Muro, os diques e toda a infraestrutura que afastou ainda mais o nosso olhar para o lago que dita o ritmo da correnteza da capital gaúcha.

"Viramos as costas para o Guaíba", dizem muitos porto-alegrenses. Talvez. Ou talvez só tenhamos ficado momentaneamente distraídos pelas promessas insustentáveis de um mundo que, ao colocar o homem como centralidade e a natureza na periferia, alimenta a falsa ideia de que temos controle sobre o nosso entorno e de que tudo que é natural existe ali para nos servir, ameaçar ou satisfazer. Em meio à enchente, tive a oportunidade de conversar por longas horas com o filósofo, ambientalista e líder indígena Ailton Krenak, recentemente eleito para a Academia Brasileira de Letras. A conversa estava agendada para ocorrer presencialmente, mas, diante da impossibilidade de viajar pelo fechamento do aeroporto, que tinha sua pista coberta por água, optamos por fazer online.

Há décadas, Krenak defende a ideia de que é preciso resgatar o que chama de cosmovisão, uma forma ancestral de ser e estar na Terra, baseada no respeito à natureza. Logo no início da conversa, angustiada com os tantos bairros que submergiam ao meu redor, me lembrei do esbravejar daquele senhor calvo e perguntei: "Isso que estamos vivendo no Rio Grande do Sul é o início do fim do mundo? É o futuro realmente chegando mais rápido do que a gente esperava?"

Krenak, sereno, prontamente abriu um sorriso e disse: "Me recuso a pensar em fim de mundo. Prefiro acreditar em vários futuros possíveis, e em todos eles pisamos mais suavemente na terra". A fala do indígena logo me remeteu ao documento *Fim do Futuro?*, primeiro manifesto de cunho ecológico publicado no Brasil, 1976, por José Lutzenberger. Nas densas páginas que refletem sobre os caminhos que a humanidade traçava — e suas devastadoras consequências — o ambientalista manifestava o desejo de que voltássemos a um estado de equilíbrio, enquanto insistia: "talvez ainda não seja tarde demais".

As visões do ambientalista gaúcho e do indígena mineiro não são mera retórica otimista. Elas encontram eco na ciência. Há um consenso científico de que, a depender das nossas decisões tomadas daqui para a frente, há uma chance de frear o aumento da temperatura global e evitar as piores projeções futuras. Muitos de nossos biomas, que conservam uma capacidade incrível de resiliência e potencial de regeneração, não chegaram a um ponto de não retorno — quando não conseguirão mais se recuperar das perturbações. Em nossos rios ainda correm vidas. Em muitos bairros da capital gaúcha, moradores insistem em não dar as costas ao seu entorno. Durante o mês de 2024, o Rio Grande do Sul estampou as capas de jornais em todo o mundo por ser o berço de uma tragédia. Logo, podemos ter a chance de voltar a ocupar as manchetes desses mesmos jornais, mas como berço de uma revolução. Só depende das decisões que tomaremos como sociedade daqui para frente.

AGRADECIMENTOS

Em maior ou menor grau, toda a população do Rio Grande do Sul foi atingida pela tragédia que se abateu sobre o estado em 2024. Reconhecemos, assim, que essa história é um pouco de cada um — e de todos. O retrato do maior desastre climático gaúcho não seria possível sem a contribuição de muitos.

Logo, agradecemos a cada uma das pessoas diretamente afetadas pela cheia pela gentileza com a qual abriram suas vidas para que suas histórias fossem contadas. É a vocês que dedicamos esse trabalho; aos voluntários, do estado e de todo o Brasil, que se juntaram em um esforço inédito de solidariedade em prol do RS; aos colegas jornalistas de diferentes veículos de comunicação, do RS e do Brasil, que, em meio às adversidades daqueles dias, seguiram honrando seu trabalho de informar e, de alguma forma, contribuíram para o esforço dar visibilidade nacional e internacional à tragédia; aos pesquisadores do IPH (UFRGS) por colocarem seu conhecimento à disposição do público por meio desta obra, entre os quais o hidrólogo Fernando Fan, pela revisão técnica do capítulo sobre as falhas do sistema anticheias da Capital; à direção e aos colegas e amigos do Grupo RBS, em especial Marta Gleich e Nilson Vargas, por disponibilizarem os arquivos dos veículos da empresa; aos colegas que contribuíram nas pesquisas para essa obra, em especial Letícia Coimbra e Vicente Nolasco; aos colegas repórteres fotográficos André Ávila, Camila Hermes, Duda Fortes, Jefferson Botega, Jonathan Heckler e Mateus Bruxel por cederem suas imagens para este trabalho; ao professor Demétrio Luis Guadagnin e ao jornalista e colega Carlos Etchichury, pelo apoio logístico na realização de incursões a áreas inundadas; aos jornalistas André Trigueiro e Jaqueline Sordi, que, gentilmente, atenderam ao nosso convite para contribuir com este livro; à editora BesouroBox, na pessoa do Marco Cena, que, junto com sua equipe, acreditou nesta obra, e ao assessor da arquidiocese de Porto Alegre Marcos Koboldt.

Agradecimentos pessoais

André Malinoski: a minha mãe, Marisa Lourdes Malinoski, meu pai, Arno Rubens Malinoski (in memoriam), minha esposa, Ana Maria de Oliveira Kersting, além dos demais familiares Vanessa, Sabrina, João Pedro, Ana Júlia, Maria Augusta, Antônio, Alexandre, André, Letícia, Fozzy, Dado, Adriane e Cris.

Marcelo Gonzatto: a Débora, pela paciência com as longas horas noturnas diante do computador; Daniel e Mateus, minhas melhores obras; José Pahim da Silva e Eleonides Mariana Gonzatto da Silva (in memoriam), familiares, colegas de redação e amigos (vocês sabem quem são).

Rodrigo Lopes: a minha mãe, Rejane, meu pai, Darcy (in memoriam), minha esposa, Fran, e minha sogra, Mara Costa, a todos os meus familiares, Ana e Osvaldo (in memoriam), Arizoli, Tânia, Luciana, Miguel, Simone, Priscila, Rafa, João e Larícia, e aos meus queridos amigos.

OS AUTORES

ANDRÉ MALINOSKI é jornalista da linha de frente de Zero Hora, onde atuou diariamente na cobertura da enchente de maio em Porto Alegre. Realiza reportagens ainda para a Rádio Gaúcha, Diário Gaúcho e esteve no Vale do Taquari em setembro de 2023, quando a cheia devastou os municípios da região. Teve passagens pelo portal Terra e foi correspondente dos sites da Gazeta Esportiva de São Paulo e da Globo. Trabalhou no jornal O Sul, na Secretaria de Comunicação do Estado do Rio Grande do Sul (Secom), na equipe de comunicação da Secretaria Municipal de Educação (Smed) e no Correio do Povo, onde teve oportunidade de cobrir a pandemia da Covid-19 na Capital. Tem especialização em Jornalismo Digital pela Pontifícia Universidade Católica do Rio Grande do Sul (PUCRS). É autor do livro "Os Gigantes Estiveram Aqui — Como foram as cinco partidas e os bastidores da Copa de 2014 em Porto Alegre".

MARCELO GONZATTO é jornalista formado pela Universidade Federal do Rio Grande do Sul (UFRGS). Como repórter do jornal Zero Hora, cobriu a tragédia ambiental provocada pelo rompimento da barragem de Mariana, entre Minas Gerais e Espírito Santo, a eclosão da pandemia de H1N1, diretamente do México, e acompanhou o impacto da Covid-19 no Rio Grande do Sul e no país — trabalho pelo qual recebeu o prêmio de Profissional de Comunicação Científica do ano da Fundação de Amparo à Pesquisa do Estado (Fapergs). É coautor do livro "POA — Pessoas, Olhares, Amores", sobre lugares e personagens da capital gaúcha.

RODRIGO LOPES é jornalista profissional graduado pela Universidade Federal do Rio Grande do Sul (UFRGS), mestre em Ciência da Comunicação pela Unisinos. Tem especializações em Jornalismo Ambiental pelo International Institute for Journalism (Berlim), em Jornalismo Literário e em Estudos Estratégicos Internacionais. É doutorando em Relações Internacionais pela UFRGS. Atua como colunista e comentarista em Zero Hora, Rádio Gaúcha e RBS TV. Pelo Grupo RBS, realizou mais de 30 coberturas internacionais, entre elas as guerras no Iraque, Líbano, Líbia e recentemente Ucrânia e Israel. É autor dos livros "Guerras e Tormentas — Diário de Correspondente Internacional" e "Trem para Ucrânia". Foi correspondente em Brasília em 2022/2023. Em 2003, recebeu o Prêmio Rey de España de Periodismo pela cobertura da crise argentina.